U0295221

智能制造专业群"十三五"规划教材

工业机器人
技术应用

主　编　陈永平　郝　淼

副主编　王晓栋　李　莉　余思涵　王凯凯

上海交通大学出版社
SHANGHAI JIAO TONG UNIVERSITY PRESS

内容提要

本书以 ABB 机器人的典型应用为例,介绍了机器人在搬运、码垛、上下料、涂胶、焊接、分拣工作中的应用。通过项目引导,详细讲解了机器人在各行业应用中参数设定、程序编写及调试等方法和技术。从而使读者对工业机器人的应用从软件、硬件方面都有了较全面的认识。

本书适合从事 ABB 工业机器人应用开发、调试及编程人员以及职业院校制造大类和电子信息大类相关专业学生使用。

图书在版编目(CIP)数据

工业机器人技术应用/ 陈永平,郝淼主编. 一上海:
上海交通大学出版社,2018
ISBN 978－7－313－20237－6

Ⅰ.①工… Ⅱ.①陈… ②郝… Ⅲ.①工业机器人－
职业教育－教材 Ⅳ.①TP242.2

中国版本图书馆 CIP 数据核字(2018)第 219684 号

工业机器人技术应用

主　　编:陈永平　郝　淼			
出版发行:上海交通大学出版社	地　　址:上海市番禺路 951 号		
邮政编码:200030	电　　话:021－64071208		
出版人:谈　毅			
印　　制:上海景条印刷有限公司	经　　销:全国新华书店		
开　　本:787 mm×1092 mm　1/16	印　　张:15.75		
字　　数:362 千字			
版　　次:2018 年 10 月第 1 版	印　　次:2018 年 10 月第 1 次印刷		
书　　号:ISBN 978－7－313－20237－6/ TP			
定　　价:48.00 元			

智能制造专业群"十三五"规划教材
编委会名单

委 员 （按姓氏首写字母排序）

蔡金堂　上海新南洋教育科技有限公司

常韶伟　上海新南洋股份有限公司

陈永平　上海电子信息职业技术学院

成建生　淮安信息职业技术学院

崔建国　上海智能制造功能平台

高功臣　河南工业职业技术学院

郭　琼　无锡职业技术学院

黄　麟　无锡职业技术学院

江可万　上海东海职业技术学院

蒋庆斌　常州机电职业技术学院

孟庆战　上海新南洋合鸣教育科技有限公司

那　莉　上海交大教育集团

秦　威　上海交通大学机械与动力工程学院

邵　瑛　上海电子信息职业技术学院

王维理　上海交大教育集团

徐智江　上海豪洋智能科技有限公司

薛苏云　常州信息职业技术学院

杨　萍　上海东海职业技术学院

杨　帅　淮安信息职业技术学院

杨晓光　上海新南洋合鸣教育科技有限公司

张季萌　河南工业职业技术学院

赵海峰　南京信息职业技术学院

前言 preface

  制造业是兴国之器、强国之基,人才是立国之本,实现中国制造由大变强战略任务的关键在于人才。21世纪以来,制造业面临全球产业结构调整带来的机遇和挑战。面对全球产业竞争格局的重大调整,国务院制定《中国制造2025》,提出全面推进制造强国战略,中国到2025年迈入制造强国行列。制造强国战略的实施对人才队伍的建设和发展提出了更高更迫切的要求。

  2014年6月,习近平总书记在两院院士大会上强调:"机器人革命"有望成为新一轮工业革命的切入点和增长点,机器人是"制造业皇冠顶端的明珠",其研发、制造、应用是衡量一个国家科技创新和高端制造业水平的重要标志。

  工业机器人作为自动化技术的集大成者,是智能化制造的核心基础设施。在《中国制造2025》规划的十大重点发展方向中,机器人是其中重要的发展方向之一。

  中国作为全球最重要的制造大国,工业机器人近年来得到了迅猛发展。据据国际机器人联合会(International Federation of Robotics,IFR)统计,2017年,全球工业机器人销量比2016年增加29%,达到380 550台,再创历史新高。其中,中国工业机器人需求增长最快,为58%,达13.8万台。

  中国机械工业联合会发布的统计数据表明,中国工业机器人应用人才缺口超过20万,并且以每年20%～30%的速度持续递增。机器人井喷发展的背后是一个巨大而急切的工业机器人应用人员的人才缺口。

  为适应市场对工业机器人技术技能型人才的需求,本书以ABB机器人的典型应用为例,详细介绍了机器人在搬运、码垛、上下料、涂胶、焊接、分拣中的应用。每一个项目从I/O信号配置、程序数据建立、目标点示教、程序编写调试等几个方面介绍了项目的实施过程。每个项目都配备了工作站,利用RobotStudio制作了动画效果,高度仿真了机器人真实工作场所。项目图文并茂,读者可按照指导,逐个完成项目实践。

  本书由上海电子信息职业技术学院陈永平、郝淼担任主编。项目一、七由陈永平编写,项目二由余思涵编写,项目三、五由郝淼编写,项目四由何燕妮编写,项目六由上海市材料工程学校李莉编写,项目八由上海市现代流通学校管伟平编写,项目九由王凯凯编写。在本书编写过程中得到了ABB(中国)有限公司、上海福赛特机器人有限公司等单位有关领导、工程技术人员和教师的支持与帮助,在此一并表示衷心的感谢!

  由于编者水平有限,书中存在的不足和缺漏,敬请专家、广大读者指正。

目录

c o n t e n t s

项目一
绪　论

 任务目标

（1）了解工业机器人应用现状及典型应用。

（2）认识常见机器人工作站。

（3）熟悉机器人工作站基本操作。

 工业机器人的应用现状

机器人作为现代制造业主要的自动化装备，已广泛应用于汽车、摩托车、工程机械、电子信息、家电、化工等行业，进行焊接、装配、搬运、加工、喷涂、码垛等复杂作业。随着工业机器人向更深更广方向的发展以及机器人智能化水平的提高，机器人的应用范围还在不断地扩大，已从汽车制造业推广到其他制造业。

按产品类型看，工业机器人主要有关节型机器人、直角坐标型机器人、SCARA 机器人以及 DELTA 机器人，如图 1-1 所示。

2015 年 4 月 13 日，ABB 有限公司在汉诺威工业博览会上正式推出了 YuMi 双臂协作机器人（见图 1-2），YuMi 代表未来的发展方向，拉开了一个人机协作的机器人新纪元序幕，实现了人类与机器人的无间合作。

(a)

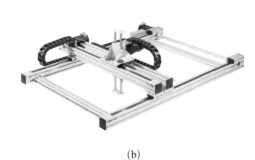

(b)

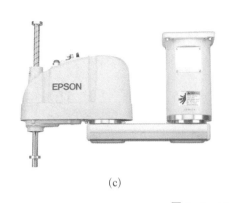
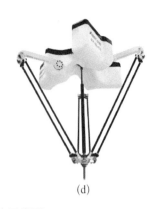

(c)　　　　　　　　　　　　　　　　　　(d)

图 1 - 1　工业机器人产品类型

(a) 关节型机器人；(b) 直角坐标型机器人；(c) SCARA 机器人；(d) DELTA 机器人

图 1 - 2　YuMi 双臂协作机器人

2012 年以来，工业机器人的市场正以年均 15.2% 的速度快速增长。根据国际机器人联合会(International Federation of Robotics，IFR)统计显示，2017 年全球工业机器人销量比 2016 年增加了 29%，达到 380 550 台。2016 年全球工业机器人销售额首次突破 132 亿美元，其中亚洲销售额 76 亿美元，欧洲销售额 16.4 亿美元，北美地区销售额达到 17.9 亿美元。中国、韩国、日本、美国和德国等主要国家销售额总计占到了全球销售额的 3/4。

国际上形成了一批著名的工业机器人公司，这些机器人公司分为日系和欧系两种。其中，日系工业机器人公司有：FANUC，YASKAWA，OTC，KAWASAKI，PANASONIC，NACHI；欧系工业机器人公司有：KUKA，CLOOS，ABB，COMAU，IGM 等。其中：ABB、FANUC、YASKAWA、KUKA 机器人被称为机器人行业的"四大家族"(见图 1 - 3)，他们设计的产品占我国机器人 50% 以上的市场份额。

图 1 - 3　四大家族工业机器人

我国工业机器人市场发展较快,约占全球市场份额三分之一,是全球第一大工业机器人应用市场。2016 年,我国工业机器人保持高速增长,销量同比增长 31.3%。按照应用类型看,搬运上下料机器人占比最高,达到 61%,其次是装配机器人,占 15%,焊接机器人 9%;按产品类型看,关节型机器人占比超 60%,是国内市场最主要的产品类型,其次为直角坐标型机器人和 SCARA 机器人。

目前,国内也涌现了一批工业机器人企业,如沈阳新松、南京埃斯顿、广州数控等(见图 1-4),这些机器人公司业务与国际巨头相比较,起步较晚,但发展迅速。如今,机器人代工已经成为一种潮流和趋势,机器人作为先进制造业的关键支撑设备,是衡量国家科技实力的重要标杆,也是加快传统产业优化升级、培育壮大高端制造业的有效抓手。未来几年内,中国工业机器人将迎来井喷式发展,成为"中国制造"向"中国智造"转变的关键。

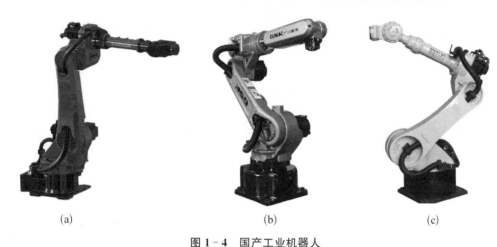

(a)　　　　　　　　　　(b)　　　　　　　　　　(c)

图 1-4　国产工业机器人

(a) 沈阳新松;(b) 南京埃斯顿;(c) 广州数控

 工业机器人的典型应用

近年来,弧焊机器人、点焊机器人、装配机器人、喷涂机器人以及搬运机器人等工业机器人已经大量应用于汽车制造业、机械加工业、电子工业以及塑料加工业中,工业机器人行业应用的分布情况如图 1-5 所示。

1. 机器人在汽车行业的应用

工业机器人是汽车生产中非常重要的设备,当今世界近 50% 的工业机器人集中使用在汽车领域,主要进行搬运、码垛、弧焊、点焊、喷漆、检测、装配、研磨抛光和激光加工等复杂作业。如图 1-6 所示,是汽车生产线上常见的工业机器人。

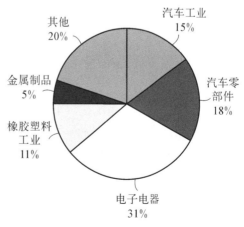

图 1-5　机器人行业分布率

图 1-6 工业机器人在汽车制造业中的应用

(a) 搬运机器人;(b) 焊接机器人;(c) 装配机器人;(d) 喷涂机器人

1) 机器人焊接

国内一些主流汽车品牌,如帕萨特、别克汽车等,汽车的后桥、副车架、摇臂、悬架、减振器等轿车底盘零件大多以 MIG 焊接工艺为主的受力安全零件,主要构件采用冲压焊接,板厚平均为 1.5~4 mm,焊接主要以搭接、角接接头形式为主,焊接质量要求相当高,其质量的好坏直接影响到轿车的安全性能。

由于焊接机器人能够满足汽车高质量焊接工艺的生产方式和要求,目前已广泛应用于汽车制造业,汽车底盘、座椅骨架、导轨、消声器以及液力变矩器等焊接件均使用了机器人焊接,尤其在汽车底盘焊接生产中得到了广泛的应用。应用机器人焊接后,大大提高了焊接件的外观和内在质量,并保证了质量的稳定性,同时也降低人的劳动强度,改善了人的劳动环境。

按照焊接机器人系统在汽车底盘零部件焊接的夹具布局的不同特点,及外部轴等外围设施的不同配置,焊接机器人系统可分为以下几种形式:① 滑轨+焊接机器人工作站;② 单(双)夹具固定式+焊接机器人工作站;③ 带变位机回转工作台+焊接机器人工作站;④ 搬运机器人+焊接机器人工作站;⑤ 协调运动式外轴+焊接机器人工作站;⑥ 机器人焊接自动线;⑦ 焊接机器人柔性系统。

2) 机器人涂装

涂装作业环境中充满了易燃、易爆的有害挥发性有机物,机器人涂装工作站或者生产线采用机器人涂装,充分利用了机器人灵活、稳定、高效的特点,适用于生产量大、产品型号多、表面形状不规则工件外表面涂装。这不仅可以帮助工厂节省大量的空间和材料,还能实现绿色涂装。在汽车生产中,机器人涂装广泛应用于汽车零部件生产,如发动机、变速箱、弹簧、板簧、塑料件、驾驶室等。

2. 机器人在物流行业的应用

随着物流行业的迅速发展,传统的自动化生产设备已经不能满足企业日益增长的生产需求,机械式码垛机具有占地面积大、程序更改复杂、耗电量大等缺点,如果采用人工搬运,劳动量大且工时多,无法保证码垛质量,影响产品顺利进入货仓,可能有50%的产品由于码垛尺寸误差过大而无法进行正常存储,还需要重新整理。于是大量的工业机器人被应用在物流行业,例如码垛搬运、集装箱自动搬运等,如图1-7所示。

图 1-7　机器人在物流行业中的应用

1) 机器人搬运

机器人搬运作业是指利用一种设备握持工件,从一个加工位置移动到另一个加工位置。搬运机器人可以安装不同的末端执行器(如机械手抓、真空吸盘、电磁吸盘等)来完成各种形状不同和状态不同的工件搬运。通过编程控制,多台搬运机器人可以配合各个工序设备的工作时间,实现流水线作业的最优化。搬运机器人具有定位准确、工作节拍可调、工作空间大、性能优良、运行稳定等优点。

2) 机器人码垛

机器人码垛是机电一体化的高新技术产品,如图1-8所示。采用码垛机器人可以大大提高工作效率,减轻人工体力劳动和成本,同时机器人码垛还能适应于纸箱、袋装、罐装、箱体、瓶装等各种形状的包装成品码垛作业。

码垛机器人通过检测吸盘和平衡气缸内气体压力,能自动识别机械手臂上有无载荷,并经气动逻辑控制回路自动调整平衡气缸内的气压,达到自动平衡的目的。工作时,重物犹如悬浮在空中,可避免产品对接时的碰撞。在机械

图 1-8　码垛机器人

手臂的工作范围内,操作人员可将其前后、左右、上下、轻松移动到任何位置,人员本身可轻松操作。同时,气动回路还有防止误操作掉物和失压保护等连锁保护功能。码垛机器人能将不同外形尺寸的包装货物整齐、自动地码(或拆)在托盘上(或生产线上等)。为充分利用托盘的面积和码堆物料的稳定性,机器人具有物料码垛顺序、排列设定器。可满足从低速到高速,从包装袋到纸箱,从码垛一种产品到码垛多种不同产品,应用于产品搬运、码垛等。

3. 机器人在 3C 行业中的应用

近几年来,3C 电子行业以迅雷不及掩耳之势成为机器人行业争抢的香饽饽。据了解,未来三年全球 3C 市场将保持 15% 左右增速,2017 年 3C 市场机器人已达到上万亿级别市场规模。中国集中了全球 70% 的 3C 产品产能,国内 3C 行业目前机器人密度仅为 11 台/万员工,而日韩国家的机器人密度早已超过 1 200 台/万员工。中国作为制造业大国,3C 行业是最重要的支柱产业之一,3C 行业无疑成为了机器人应用项目的重点市场。

目前 3C 行业在抛光打磨、冲压搬运和喷涂等工序中大量使用 6 轴通用机器人,这样可以大大地提高产品质量,降低产品次品率。机器人在 3C 行业应用潜力较大的部分是组装,主要采用 SCARA 和桌面机器人(见图 1 - 9)。目前由于这项工作对机器人柔性要求很高,实现起来相对较难,故普及情况受限,但随着组装技术和工艺标准化程度的提高,该行业中的机器人数量将会大幅增长。

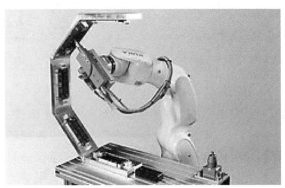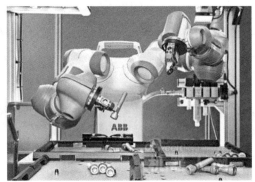

图 1 - 9 机器人 3C 应用

 认识机器人工作站

机器人工作站是指使用一台或多台机器人,配以相应的周边设备,用于完成某一特定工序作业的独立生产系统,也可称为机器人工作单元。它主要由机器人及其控制系统、辅助设备以及其他周边设备所构成。机器人工作站中机器人及其控制系统应尽量选用标准装置,对于个别特殊的场合需要设计专用机器人,而末端执行器等辅助设备以及其他周边设备则随应用场合和工件特征的不同存在较大差异。

机器人工作站一般由机器人、机器人末端执行器、夹具和变位器、机器人基座、配套安全装置、动力源、工作对象的储运设备以及控制系统组成。

机器人末端执行器是机器人的主要辅助设备,也是工作站中重要的组成部分。同一台机器人,由于安装了不同的末端执行器可以完成不同的作业,用于不同的生产作业多数情况需专门设计,它与机器人的机型、整体布局、工作顺序都有着直接关系。

在机器人周边设备中采用的动力源多以气压、液压作为动力,因此,常需配置气压、液压站以及相应的管线、阀门等装置。对电源有一些特殊需要的设备或仪表,也应配置专用的电源系统。

工作站的储运设备,作业对象常需在工作站中暂存、供料、移动或翻转,所以工作站也常配置暂置台、供料器、移动小车或翻转台架等设备。

检查、监视系统对于某些工作站来说是非常必要的,特别是用于生产线的工作站。比如工作对象是否到位、有无质量事故、各种设备是否正常运转,都需要配置检查和监视系统。

1. 搬运工作站

图 1-10 为太阳能薄板搬运工作站,使用 IRB120 机器人在流水线上拾取太阳能薄板工件,将其搬运到暂存盒中,以便周转到下一个工位进行处理。

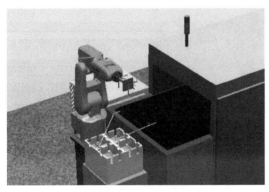

图 1-10 搬运工作站

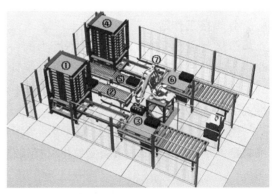

图 1-11 码垛工作站

2. 码垛工作站

码垛是指将形状基本一致的产品按照规定的工艺要求堆叠起来。码垛机器人除了完成搬运的任务,还要将工件(料袋、料箱等)有规律的一层一层的摆放在托盘上。图 1-11 所示的码垛工作站,其中编号:① 表示 1 号托盘库;② 表示 1 号产品线体;③ 表示 1 号托盘线体;④ 表示 2 号托盘库;⑤ 表示 2 号产品线体;⑥ 表示 2 号托盘线体;⑦ 表示 IRB460 机器人。

3. CNC 机床上下料工作站

CNC 机床上下料的过程比较简单,适合机器人的大量使用。使用机器人进行上下料,能够满足快速、大批量加工节拍的生产要求,可以大大提高工厂的生产效率。

图 1-12 所示的 CNC 机床上下料工作站是由 CNC 机床、入料输送线、出料输送线以及 IRB2600 机器人组成。该工作站中上下料流程:

(1) IRB2600 机器人在左侧入料输送流水线上取料。

(2) 将零件放置在 CNC 机床内由机床夹具加紧。

(3) 待机床加工工序完成后从机床夹具中取出。

(4) IRB2600 机器人最后将零件放置于右侧出料输送线上的盘中。

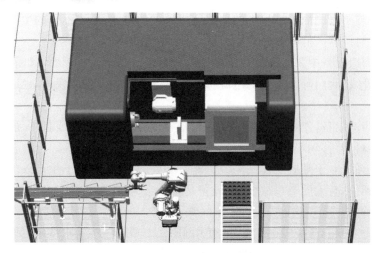

图 1-12　CNC 机床上下料工作站

4.焊接工作站

焊接是现代机械制造业中必不可少的一种加工工艺方法,在汽车制造、工程机械、摩托车等行业中占有重要的地位。据不完全统计,全世界在役的机器人大约有一半用于各种形式的焊接加工行业。特别是在汽车制造业中,汽车制造的批量化、高效率和对产品质量一致性的要求,使焊接机器人在汽车焊接中获得大量应用。

图 1-13 所示的焊接机器人选用了 ABB 的 IRB2600 机器人,带有安全防碰撞装置的标准机器人用焊枪,工作站采用变位机交换工件,整个工作站占用面积相对较小。

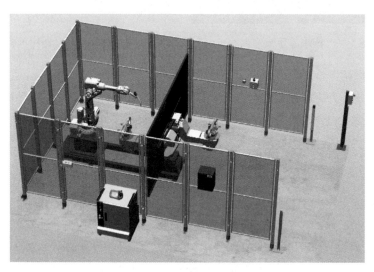

图 1-13　焊接机器人工作站

5.激光切割工作站

激光切割工作站可以完成许多异形材料的切割加工,相对于等离子切割、超高压水切割、线切割而言,其具有许多优点而被大量应用。目前主要的应用形式为平面机床、切管机及五轴机床等。大量的板材、管材被高精度、高效率源源不断地接受剪裁,激光切割站是制造企业的第一道工序——下料环节。

激光切割工作站主要包括：机器人、末端执行器、机器人控制系统、夹具和变位机、机器人架座、配套及安全装置、动力源、工件储运设备、检查、监视和控制系统等(见图1-14)。

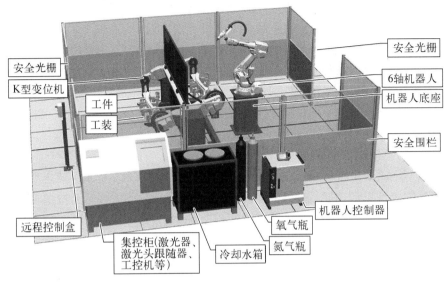

图 1-14 激光切割工作站

6. 分拣工作站

Delta分拣机器人工作站如图1-15所示，通过线性追踪、圆弧追踪、视觉追踪等方式捕捉目标物体，由四个并联的伺服轴确定抓具中心(TCP)的空间位置，实现目标物体的快速拾取、分拣、装箱、搬运等操作。并联机器人分拣工作站主要应用于乳品、食品、药品、日用品和电子产品物流快递等行业，具有重量轻、体积小、速度快、定位精、成本低、效率高等特点。

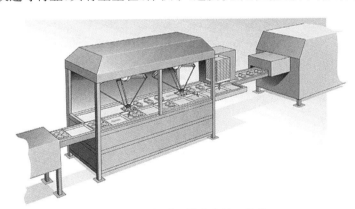

图 1-15 并联机器人分拣工作站

 机器人工作站基本操作

机器人工作站主要包括机器人本体和外围设备，其中机器人本体由机器人控制器控制，外围设备通常由可编程逻辑控制器(programmable logic controller，PLC)控制，两者一般通过总线进行通信。

工作站一般操作过程为：

(1) 工作站系统(机器人控制柜、外围设备控制柜等)设备上电。

(2) 机器人切换到自动状态，按下机器人电机上电按钮。

(3) 按下机器人主程序执行按钮，机器人程序开始执行。

(4) 按下复位按钮，机器人及外围设备复位，复位完成后发出复位完成信号。

(5) 按下启动按钮，机器人和外围设备开始工作。

(6) 按下停止按钮，设备可在一个循环完成后停止工作。

(7) 紧急情况下按下急停开关，设备急停。

下面通过仿真操作，熟悉工作站操作步骤。

(1) 解压 XM1_stn_operation.rspag 文件，工作站如图 1-16 所示。该工作站机器人已编写好程序，能实现以下功能：机器人运行后，首先到达工作原点，然后按照要求沿工件边沿的目标点进行直线或圆弧运动(p10→p20→p30→p40→p50→p60→p70)，如图 1-17 所示，最后返回工作原点。

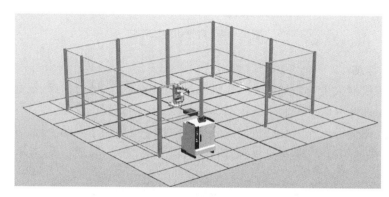

图 1-16 机器人工作站

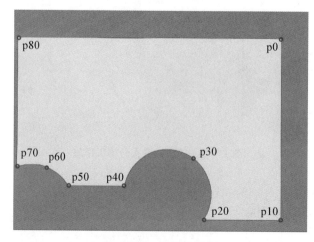

图 1-17 轨迹目标点

（2）信号分配。按钮和指示灯连接在 DSQC651 上（DeviceNet 地址为 10），地址分配如表 1‑1 所示。

表 1‑1　输入输出信号

序号	元器件	信　号　名	信号类型	信号地址	信号功能
1	按　钮	Di00_motoron	数字输入	0	电机上电
2	按　钮	Di01_procrun	数字输入	1	主程序执行
3	按　钮	Di02_reset	数字输入	2	机器人复位
4	按　钮	Di03_start	数字输入	3	轨迹运行
5	指示灯	Do32_auto	数字输出	32	自动状态
6	指示灯	Do33_motoron	数字输出	33	电机上电状态
7	指示灯	Do34_homepoint	数字输出	34	原点指示
8	指示灯	Do35_procrun	数字输出	34	程序运行指示

（3）控制要求。机器人切换到自动状态后，自动指示灯亮，按下电机上电按钮，电机上电指示灯亮，然后按下主程序执行按钮，程序开始执行，程序运行指示灯亮，此时按下机器人复位按钮，机器人回到工作原点，原点指示灯亮，按下运行按钮，原点指示灯灭，机器人开始沿工件走轨迹。

（4）操作过程。利用 RobotStuio 中的仿真功能，对信号进行模拟，实现机器人工作站的操作。

① 打开信号仿真窗口，如图 1‑18 所示，选择设备为"Board10"，I/O 范围选择"全部"，出现数字输入输出信号。

② 用示教器将机器人切换到自动状态，如图 1‑19 所示，可观察到图 1‑19 中的 Do32_auto 自动状态指示灯亮。

图 1‑18　信号仿真窗口状态 1

图 1‑19　信号仿真窗口

③ 按下电机上电按钮 Di00_motoron，电机状态指示灯 Do33_motoron 亮，如图 1-20 所示。

④ 按下主程序执行按钮 Di01_procrun，程序开始执行，Do35_procrun 程序运行指示灯亮，如图 1-21 所示。

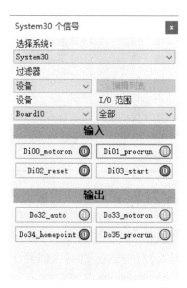

图 1-20　信号仿真窗口状态 2　　　　图 1-21　信号仿真窗口状态 3

⑤ 按下机器人复位按钮 Di02_reset，观察机器人回到图 1-22 的工作原点后，原点指示灯 Do34_homepoint 指示灯亮，如图 1-23 所示。

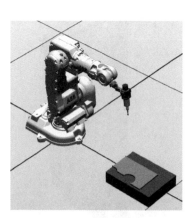

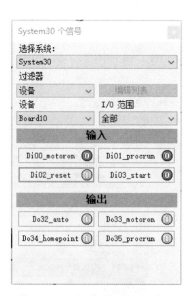

图 1-22　机器人工作原点　　　　图 1-23　信号仿真窗口状态 4

⑥ 按下运行按钮 Di03_start,工作原点指示灯灭,机器人开始走轨迹,状态如图 1 - 24
所示。

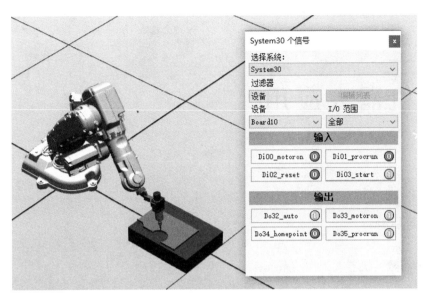

图 1 - 24 机器人运行状态

注:在操作过程中,在仿真窗口按钮按下后,需要对按钮及时进行复位操作。

项目二
搬运机器人应用

 任务目标

（1）了解搬运机器人工作站系统。

（2）掌握基本运动指令及基本 I/O 指令的应用。

（3）掌握搬运机器人基本操作，吸盘工具坐标的创建。

（4）掌握搬运机器人工作站程序编写与调试。

 机器人搬运工作站

1. 搬运机器人

搬运机器人作为先进自动化设备，具有通用性强、工作稳定的优点，并且操作简便、功能丰富，其主要优点有：

（1）动作稳定，提高搬运准确性。

（2）提高生产效率，解放繁重体力劳动，实现"无人"或"少人"生产。

（3）改善工人劳作条件，摆脱有毒有害环境。

（4）柔性高，适应性强，可实现多形状、不规则物料搬运。

（5）定位准确，保证批量一致。

（6）降低制造成本，提高生产效益。

搬运机器人的结构形式和其他类型的工业机器人相似，为了适应不同场合，可分为：龙门式搬运机器人、悬臂式搬运机器人、侧壁式搬运机器人、摆臂式搬运机器人和关节式搬运机器人等，如图 2-1 所示。

末端执行器是夹持工件移动的一种工具，装配在机械臂或者自动化设备的末端，直接作用于工作对象的装置，具有夹持、运输、放置工件到目标位置的功能。在提高机器人易用性、自动化程度、研究抓取应用等方面有着重要作用。常见的搬运末端执行器有吸附式、夹钳式、夹板式和仿人式等。

图 2-1　搬运机器人分类

（a）龙门式搬运机器人；（b）悬臂式搬运机器人；（c）侧壁式搬运机器人；
（d）摆臂式搬运机器人；（e）关节式搬运机器人

1）吸附式末端执行器

吸附式末端执行器依据吸力不同可分为气吸附和磁吸附。

气吸附主要是利用吸盘内压力和大气压之间的压力差进行工作,依据压力差分为真空盘吸附、气流负压气吸附、挤压排气负压气吸附等,例如图 2-2 中所示负压气吸附式吸盘。

图 2-2　负压气吸附式吸盘
（伯努利吸盘）

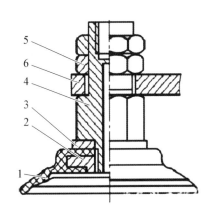

图 2-3　真空盘吸附原理

1—橡胶吸盘；2—固定环；3—垫片；4—支撑架；5—螺母；6—基板

不同气吸附式吸盘的工作原理如下:

（1）真空盘吸附是通过连接真空发生装置和气体发生装置实现抓取和释放工件,工作时真空发生装置将吸盘与工件之间的空气吸走使其达到真空状态,此时,吸盘内的气压小于吸盘外大气压,工件在外部压力的作用下被抓取。真空盘吸附原理如图 2-3 所示。

（2）气流负压气吸附是利用流体力学原理，通过压缩空气（高压）高速流动带走吸盘内气体（低压）使吸盘内形成负压，同样利用吸盘内外压力差完成取件动作，切断压缩空气随即消除吸盘内负压，完成释放工件动作。气流负压气吸附原理如图2-4所示。

（3）挤压排气负压吸附是利用吸盘变形和拉杆移动改变吸盘内外部压力完成工件吸取和释放动作。挤压排气负压吸附原理如图2-5所示。

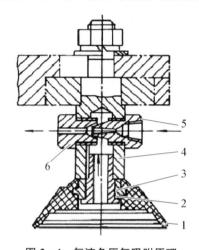

图2-4　气流负压气吸附原理

1—橡胶吸盘；2—心套；3—透气螺钉；4—支撑架；
5—喷嘴；6—喷嘴套

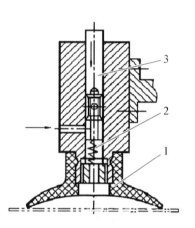

图2-5　挤压排气负压吸附原理

1—橡胶吸盘；2—弹簧；3—拉杆

吸盘类型繁多，一般分为普通型和特殊型两种，普通型包括平面吸盘、超平吸盘、椭圆吸盘、波纹管吸盘和圆形吸盘，特殊型吸盘是为了满足在特殊应用场合而设计使用的，通常可分为专用型吸盘和异型吸盘，特殊型吸盘结构形状因吸附对象的不同而不同。

吸盘的结构对吸附能力的大小有很大影响，但材料亦对吸附能力有较大影响，目前吸盘常用材料多为丁腈橡胶（nitrile butadiene rubber，NBR）、天然橡胶（natural rubber，NR）和半透明硅胶（SIT5）等。不同结构和材料的吸盘广泛应用于汽车覆盖件、玻璃板件、金属板材的切割及上下料等场合，适合抓取表面相对光滑、平整、坚硬及微小材料，具有高效、无污染、定位精度高等优点。

磁吸附是利用磁力吸取具有导磁性的工件（见图2-6），常见的磁力吸盘分为电磁吸盘、永磁吸盘、电永磁吸盘等。

（1）电磁吸盘。电磁吸盘吸入原理是利用内部励磁线圈通直流电后产生磁力，而吸附导磁性工件，如图2-7所示。

（2）永磁吸盘。利用磁力线通路的连续性及磁场叠加性而工作，如图2-8所示。

2）夹钳式末端执行器

夹钳式通常采用手爪拾取工件，手爪与人手相似，是工业机器人广为应用的一种手部形式，如图2-9所示。它一般由手爪和驱动结构、传动机构及连接与支撑原件组成，能通过手爪的开闭动作实现对物体的夹持。

图2-6　磁吸盘

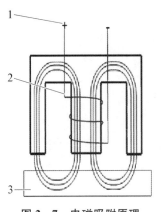

图 2-7　电磁吸附原理

1—直流电源；2—励磁线圈；3—工件

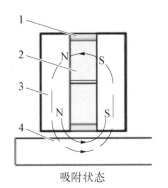

吸附状态　　　　　　　释放状态

图 2-8　永磁吸附原理

1—非导磁体；2—永磁铁；3—磁轭；4—工件

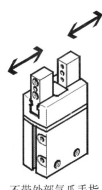

不带外部气爪手指

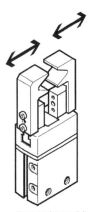

带外部气爪手指

图 2-9　平行气爪

常见手爪手指形状分 V 型爪、平面型爪、尖型爪等，如图 2-10 所示。

V 型爪

平面型爪

尖型爪

图 2-10　常见手爪手指形状

3) 夹板式末端执行器

夹板式手爪也是搬运过程中常见的一类手爪，常见的有单板式和双板式，如图 2-11 所示。侧板一般会有可旋转爪钩，主要用于整箱或规则盒子的搬运。夹板式手爪加持力度比吸附式手爪大，并且两侧板光滑不会损伤被搬运物体外观质量。

4) 仿人式末端执行器

仿人式末端执行器是针对特殊外形工件进行抓取的一类手爪，从仿生学的角度模仿人

单夹板   双夹板

图 2-11　夹板式手爪

手的功能和结构,主要包括柔性手和多指灵巧手,如图 2-12 所示。柔性手的抓取靠多关节柔性手腕,每个手指有多个关节链组成,由摩擦轮和牵引线组成。工作时通过一根牵引线收紧,另一根牵引线放松实现抓取,主要用于抓取不规则、圆形等轻便工件。多指灵巧手包括多根手指,每根手指都包含 3 个回转自由度且为独立控制,实现精确操作,广泛应用于核工业、航天工业等高精度作业。

柔性手   灵巧手

图 2-12　仿人式手爪

目前,全球较为成熟的末端执行器生产公司均以欧美日公司为主,实力较强的公司有 SCHUNK、FESTO、RIGHTHAND Labs、ROBOTIQ、SMC、SoftRobotics、Grabit、IAI 等,中国的末端执行器市场几乎被这些国外产品所垄断。

2. 搬运机器人系统

搬运机器人系统包括机器人、附属装置及周边设备而形成的一个完整系统。以关节式搬运机器人为例,其工作站主要由操作机、控制系统、搬运系统(气体发生装置、真空发生装置和手爪等)和安全保护装置组成,如图 2-13 所示。操作者可通过示教器和操作面板进行搬运机器人运动位置和动作程序的示教,设定运动速度、搬运参数等。

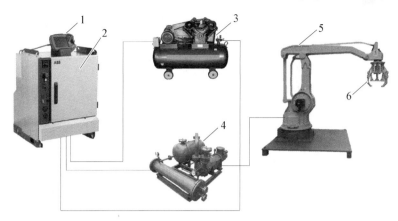

图 2 - 13　搬运机器人系统组成

1—示教器；2—控制柜；3—气体发生装置；4—真空发生装置；5—机器人；6—末端执行器（手爪）

任务描述

　　搬运工作站由机器人、传送带、待搬运物料和物料放置台组成。机器人通过吸盘夹具依次把传送带送来的物料拾取搬运到物料放置台上。工作站中以对长方体物料搬运为例，利用 IRB460 搭载真空吸盘夹具配合搬运工作站套件实现物料的定点搬运（见图 2 - 14）。

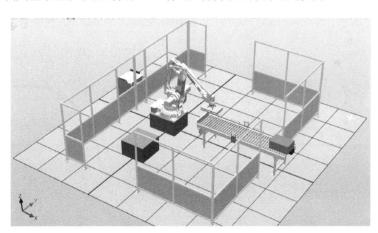

图 2 - 14　搬运工作站布局

　　项目中已预置了传送带、吸盘搬运等动作效果，在此基础上实现 I/O 配置、程序数据创建、目标点示教、程序编写及调试，最终完成整个搬运工作站的定点搬运程序的编写与调试。

知识准备

　　1）MoveAbsj：绝对运动指令

　　将机器人各关节轴运动至指定位置。

　　例如：

PERS jointarget jpos10：=[[0,0,0,0,0,0],[9E+09,9E+09,9E+09,9E+09,9E+09,9E+09]]；

    MoveAbsj jpos10,v1000,z50,tool1\Wobj：=wobj1；

该指令是将机器人各关节运行至零度位置。

2）MoveJ：关节运动指令

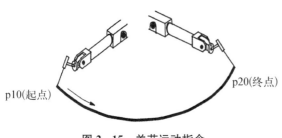

将机器人 TCP 快速移动至给定目标点，运行轨迹不一定是直线。

例如：

    MoveJ p20,v1000,z50,tool1\Wobj：=wobj1；

如图 2-15 所示，机器人 TCP 从当前位置 p10 处运动至 p20 处，运动轨迹不一定为直线。

图 2-15　关节运动指令

3）MoveL：线性运动指令

将机器人 TCP 沿直线运动至指定目标点，适用于对路径精度要求高的场合，如切割、涂胶、搬运等。

例如：

    MoveL p20,v1000,z10,tool1\Wobj：=wobj1；

如图 2-16 所示，机器人 TCP 从当前位置 p10 处运动至 p20 处，运动轨迹为直线。

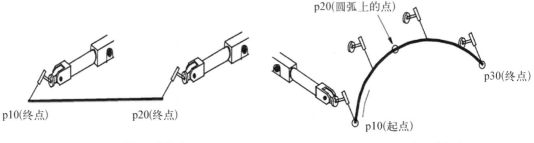

图 2-16　线性运动指令　　　　　　　　图 2-17　圆弧运动指令

4）MoveC：圆弧运动指令

将机器人 TCP 沿圆弧运动至指定目标点。

例如：

    MoveC p20,p30,v1000,z50,tool1\Wobj：=wobj1；

如图 2-17 所示，机器人以当前位置 p10 作为圆弧的起点，p20 是圆弧上的一点，p30 作为圆弧的终点。

5）注释行"!"

在语句前面加上"!"，则整个语句作为注释行，不被程序执行。

例如：

    MoveAbsJ jpos10\NoEOffs, v1000, fine, tool1；

！机器人位置复位，回至关节原点 jpos10。

6）Set：将数字输出信号置为 1

例如：

Set Do1；

！将数字输出信号 Do1 置为 1。

7）Reset：将数字输出信号置为 0

例如：

Reset Do1；

！将数字输出信号 Do1 置为 0。

8）WaitTime：等待指定时间（单位：秒）

例如：

WaitTime 0.8；

！程序运行到此处暂时停止 0.8 秒后继续执行。

 任务实施

打开文件 XM2_Carry_OK.exe，如图 2-18 所示。了解搬运工作站的组成，单击播放"Play"按钮，观看机器人工作站动作视频。

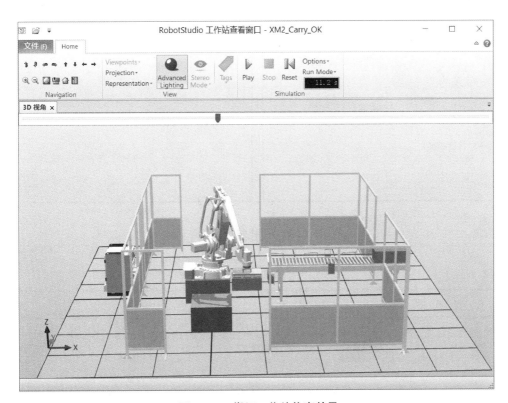

图 2-18 搬运工作站仿真效果

1. 解压工作站

双击工作站打包文件"XM2_Carry.rspag",如图 2 - 19 所示。
工作站解压的过程如图 2 - 20 所示,最后单击"完成"即可。

2. 配置 I/O 板

依次单击"ABB 菜单"→"控制面板"→"配置",进入"I/O 主
题",配置 I/O 信号。本工作站采用标配的 ABB 标准 I/O 板,型号
DSQC651(8 个数字输入,8 个数字输出,2 路模拟量),在
DeviceNet Device 中添加此 I/O 板,如表 2 - 1 和图 2 - 21~图 2 - 23
所示。

XM2_Carry

图 2 - 19 工作站打包文件

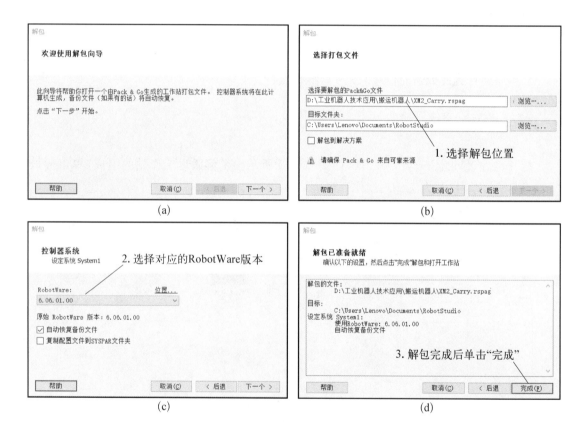

图 2 - 20 工作站解包流程

表 2 - 1 DeviceNet Device 参数

参 数 名 称	设 定 值	说 明
Name	board10	设定 I/O 板在系统中的名字
Device Type	651	设定 I/O 板的类型
Address	10	设定 I/O 板在总线中的地址

图 2-21　使用模板添加 DSQC651 板卡

图 2-22　修改名称为 board10

图 2-23　设置地址

在此工作站中,配置了3个数字信号用于相关动作的控制和反馈,如表2-2所示。

表2-2　I/O信号参数

Name	Type of Signal	Assigned to Device	Device Mapping	I/O信号注解
diBoxInpos	Digital Input	board10	0	物料运送到位
diVacuumOK	Digital Input	board10	1	真空吸盘反馈信号
doGrip	Digital Output	board10	32	控制真空吸盘动作

注:因本项目配置了仿真动画,建立信号时名称需一致,注意大小写。

进入"ABB主菜单"→"控制面板"→"配置"→"I/O System"后,选择"Signal"进行设置,3个信号设置如图2-24~图2-26所示。

图2-24　diBoxInpos信号

图2-25　diVacuumOK信号

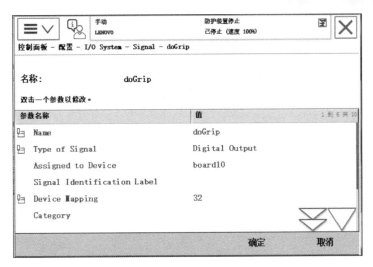

图 2 - 26　doGrip 信号

3. 创建 MainModule 程序模块

后续建立的工具坐标、目标点位置等程序数据都存放在 MainModule 模块中，因此首先建立 MainModule 程序模块。

在示教器 ABB 菜单中，单击"程序编辑器"，新建 MainModule 程序模块，建成后如图 2 - 27 所示。

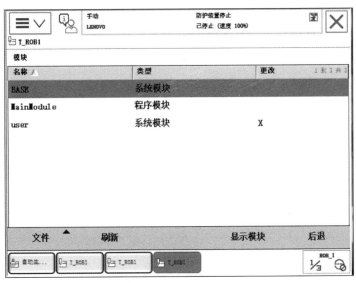

图 2 - 27　新建 MainModule 程序模块

4. 创建工具坐标

此工作站中，工具部件包含有吸盘工具。因本搬运工作站使用的吸盘工具部件较为规整，可以直接测量出工具中心点(tool center point，TCP)在 tool0 坐标系中的数值，如图 2 - 28 所示。

新建的吸盘工具坐标系只是相对于 tool0 来说沿着其 Z 轴正方向偏移 200 mm，新建吸盘工具坐标系的方向沿用 tool0 方向。

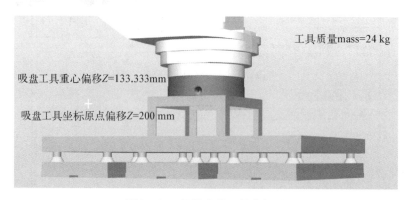

图 2‑28　机器人的工具坐标系

首先，新建一工具坐标，并命名为 tGrip，如图 2‑29 所示。

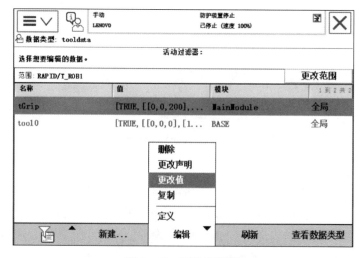

图 2‑29　新建 tGrip 工具坐标

然后在工具坐标窗口，选中 tGrip 工具坐标，并单击图 2‑30 中编辑菜单下"更改值"选

图 2‑30　更改值选项

项,按照表 2-3 的工具坐标系数值修改。

表 2-3　工具坐标系数据

参 数 名 称	参 数 数 值	参 数 名 称	参 数 数 值
robhold	TRUE	q3	0
trans		q4	0
X	0	mass	24
Y	0	cog	
Z	200	X	0
rot		Y	0
q1	1	Z	133.333
q2	0	其余参数均为默认值	

在示教器中,修改吸盘工具 tGrip 坐标的"Trans"值,如图 2-31 所示。

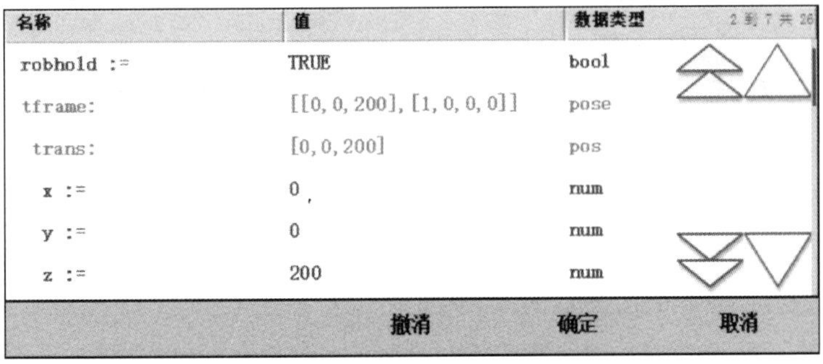

图 2-31　修改 trans 值

在示教器中,编辑工具质量、重心数据,如图 2-32 所示。

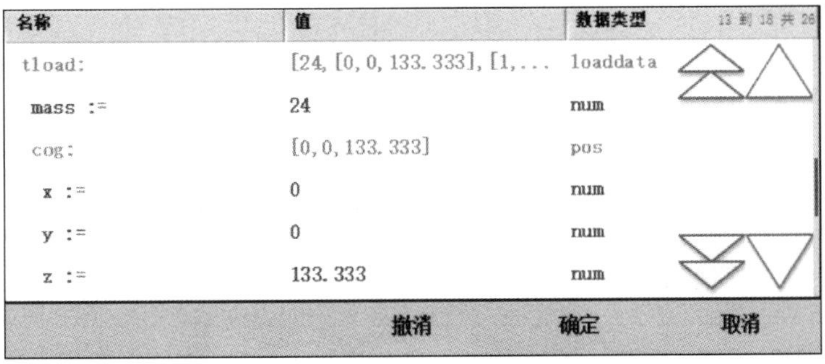

图 2-32　修改工具数据值

5. 创建工件坐标

在本工作站中,因搬运点较少,故此处未设定工件坐标系,而是采用系统默认的初始工件坐标系 Wobj0(此工作站的 Wobj0 与机器人基坐标系重合)。

6. 创建载荷数据

在本工作站中,搬运物件需创建 2 个载荷数据,分别为空载载荷 LoadEmpty 和满载载荷 LoadFull。设置时只需设置重量和重心 2 个数据,设置如图 2-33 和图 2-34 所示。

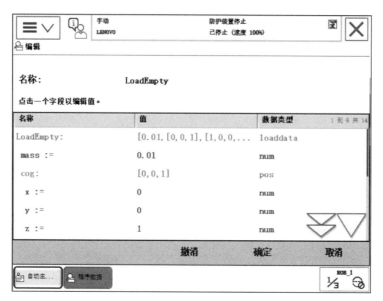

图 2-33　空载载荷 LoadEmpty 设置

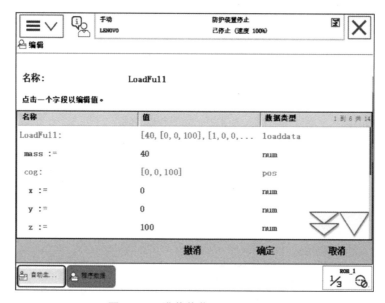

图 2-34　满载载荷 LoadFull 设置

7. 示教目标点

关键目标点主要有:工作原点(pHome)、传送带抓取工件位置(pPick)、放置点(pPlace)。

以创建 pHome 目标点为例,在数据类型窗口中选择 robtarger 类型数据并单击,出现创建窗口,将其名称修改为 pHome,存储类型为可变量,如图 2-35 所示。

图 2-35 创建 pHome 目标点

三个目标点数据创建完成后如图 2-36 所示。

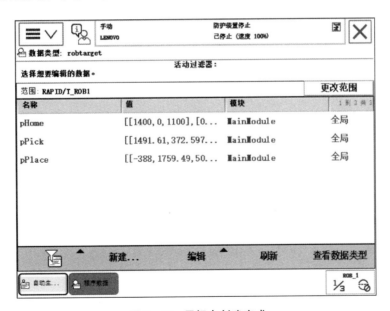

图 2-36 目标点创建完成

1) pPick 示教

在布局窗口,将"Product_Teach"工件设为可见,这样在传送带末端就会出现一个工件,以方便完成点位示教。通过移动机器人,使工具位置如图 2-37 所示,然后打开图 2-36 的窗口,选中 pPick 点,单击"编辑"菜单,单击"修改位置",这样 pPick 目标点就示教完成。

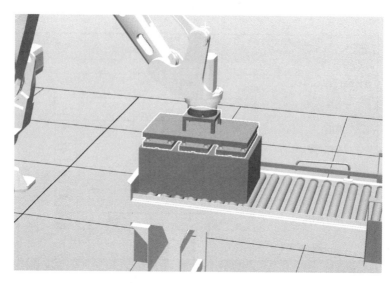

图 2 - 37　pPick 目标点

2) pHome 示教

在 pPick 目标点基础上,通过在 Z 方向上移动机器人,使工具位置如图 2 - 38 所示,采取上述方法,同样完成对 pHome 目标点的示教。

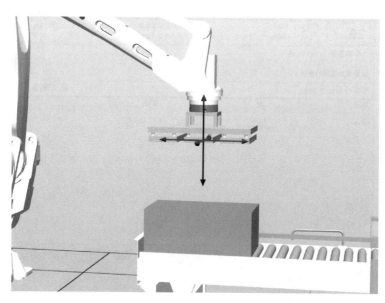

图 2 - 38　pHome 目标点

3) pPlace 示教

将布局窗口的"Product_Target"工件设为可见,如图 2 - 39 所示,采用示教 pPick 的方法示教这个目标点。

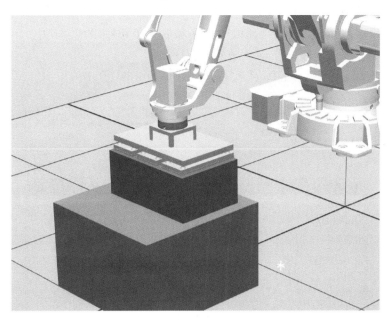

图 2 - 39　pPlace 目标点

8. 程序编写与调试

1）工艺要求

（1）在进行搬运轨迹示教时，吸盘夹具姿态保持与工件表面平行。

（2）机器人运行轨迹要求平缓流畅，放置工件时平缓准确。

2）程序编写

搬运工作站机器人通过吸盘夹具将传送带送来的物料依次搬运到放置台上，该工作站控制流程图如图 2-40 所示。

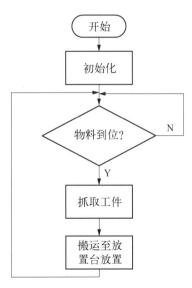

图 2 - 40　搬运工作站控制流程图

3）建立例行程序

程序由主程序、初始化子程序、抓取子程序和放置子程序组成。其中 rInitial 为初始化子程序，rGrip 为抓取子程序，rPlace 为放置子程序。

在 MainModule 程序模块中，依次建立 main、rInitial、rGrip 和 rPlace 例行程序，如图 2-41 所示。

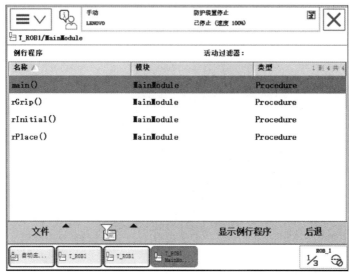

图 2-41　例行程序

4）编写各例行程序

（1）主程序，用于整个流程的控制，在 main 中编写的主程序如下。

PROC main()

　　rInitial;　　　! 调用初始化程序，用于复位机器人位置、信号、数据等

　　WHILE TRUE DO

　　　　IF diBoxInpos＝1 THEN　　! 条件判断（物料是否到位）

　　　　　rGrip;　　　　　　　! 调用抓取程序

　　　　　rPlace;　　　　　　! 调用搬运程序

　　　　ENDIF

　　ENDWHILE

ENDPROC

（2）初始化子程序，完成在工作站中机器人返回原点的功能，还需要对输出信号进行复位，如下所示。

PROC Initial()　　! 初始化程序

　　ConfL\Off;

　　ConfJ\Off;　! 未监测机械臂配置，机器人使用最近的轴配置移动到编程设定的位置

　　Reset doGrip;　　! 复位输出信号 doGrip

　　MoveJ pHome, v2000, fine, tGrip\WObj：＝wobj0;　! 机器人位置复位，回至原点 pHome

ENDPROC

（3）抓取子程序，负责移动吸盘至抓取目标点，并抓取物料，具体如下：

PROC rGrip()

 MoveJ Offs(pPick,0,0,50),v2000,fine,tGrip\WObj：=wobj0；

 MoveJ pPick,v2000,fine,tGrip\WObj：=wobj0； ! 机器人移至传送带抓取位置

 WaitTime 1；   ! 等待物料被抓取

 GripLoad LoadFull； ! 在机械臂抓握负载的同时，指定有效负载的连接

 MoveJ Offs(pPick,0,0,50),v2000,fine,tGrip\WObj：=wobj0； ! 提起物料

ENDPROC

（4）放置子程序，负责将物料搬运到放置台并放下，具体如下。

PROC rPlace()

 MoveJ Offs(pPlace,0,0,50),v2000,fine,tGrip\WObj：=wobj0；

          ! 机器人移至放置台上方

 MoveJ pPlace,v2000,fine,tGrip\WObj：=wobj0； ! 移至放置位置

 WaitTime 1；   ! 等待物料被放置

 GripLoad LoadEmpty； ! 在机械臂释放有效负载的同时，断开有效负载

 MoveJ Offs(pPlace,0,0,50),v2000,fine,tGrip\WObj：=wobj0；! 放置后离开

ENDPROC

5）项目完整程序

MODULE MainModule

 PERS tooldata tGrip：=［TRUE,［［0, 0, 200］,［1, 0, 0, 0］］,［24,［0, 0, 133.333333333］,［1,0,0,0］,0,0,0］］；

 PERS loaddata LoadEmpty：=[0.01,[0,0,1],[1,0,0,0],0,0,0]；

 PERS loaddata LoadFull：=[40,[0,0,100],[1,0,0,0],0,0,0]；

 PERS robtarget pHome：=[[1521.14,−9.85,836.26],[1.28812E−06,−0.707107, −0.707107,1.27155E−06],[−1,0,0,0],[9E+09,9E+09,9E+09,9E+09,9E+09, 9E+09]]；

 PERS robtarget pPick：=[[1521.13,−9.85,480.69],[1.28812E−06,−0.707107, −0.707107,1.27155E−06],[−1,0,0,0],[9E+09,9E+09,9E+09,9E+09,9E+09, 9E+09]]；

 PERS robtarget pPlace：=[[52.84,−1507.17,228.09],[1.32392E−06,−0.707107, −0.707107,−1.23423E−06],[−1,0,0,0],[9E+09,9E+09,9E+09,9E+09,9E+09, 9E+09]]；

 PROC main()

  rInitial；

  WHILE TRUE DO

   IF diBoxInpos=1 THEN

    rGrip；

```
            rPlace；
        ENDIF
    ENDWHILE
ENDPROC
PROC rInitial()
    ConfL\Off；
    ConfJ\Off；
    Reset doGrip；
    MoveJ pHome,v2000,fine,tGrip\WObj：=wobj0；
ENDPROC
PROC rGrip()
    MoveJ Offs(pPick,0,0,80),v2000,fine,tGrip\WObj：=wobj0；
    MoveJ pPick,v2000,fine,tGrip\WObj：=wobj0；
    Set doGrip；
    WaitTime 1；
    GripLoad LoadFull；
    MoveJ Offs(pPick,0,0,80),v2000,fine,tGrip\WObj：=wobj0；
ENDPROC
PROC rPlace()
    MoveJ Offs(pPlace,0,0,80),v2000,fine,tGrip\WObj：=wobj0；
    MoveJ pPlace,v2000,fine,tGrip\WObj：=wobj0；
    WaitTime 1；
    Reset doGrip；
    GripLoad LoadEmpty；
    MoveJ Offs(pPlace,0,0,80),v2000,fine,tGrip\WObj：=wobj0；
    MoveJ pHome,v2000,fine,tGrip\WObj：=wobj0；
ENDPROC
ENDMODULE
```

6) 仿真运行

程序编写完成后,可以进行仿真运行。本项目中已预先做好了传送带传送和吸盘吸取工件的仿真设置。

首先,打开"仿真"菜单栏中的"I/O仿真器",如图 2 - 42 所示。

图 2 - 42　仿真菜单栏

其次,在信号仿真器中选择传送带"SC_InFeeder",如图2-43所示。

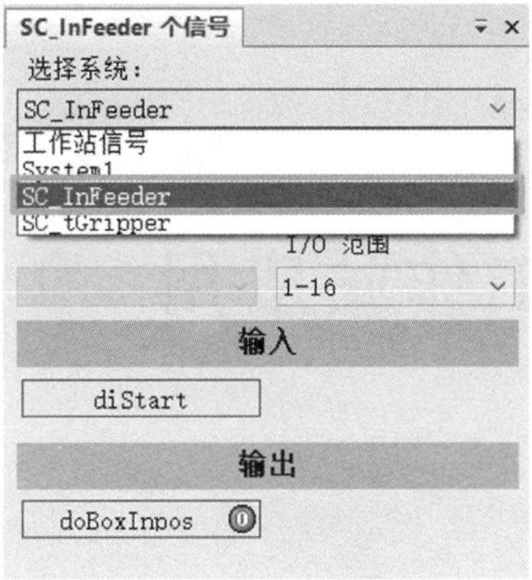

图 2-43　I/O仿真器

第三,单击仿真菜单中的"播放"按钮,启动仿真运行,如图2-44所示。

图 2-44　仿真菜单栏

最后,单击图2-43中"diStart"按钮,给传送带发出工作指令,查看搬运工作站运行状态。注意该按钮只能单击一次,否则会出错。

 项目小结

通过搬运机器人工作站的学习,了解搬运机器人的基本组成及手爪结构等基本知识。在搬运工作站中依次完成了工作站I/O信号的配置、程序数据的创建、目标点示教,使用基本运动指令及基本I/O指令,编写了搬运机器人工作站的程序,并进行调试仿真。

项目三
机器人码垛工作站应用

（1）掌握常用的位置偏移指令、逻辑控制指令、轴配置监控指令。

（2）了解码垛工作站常见设备。

（3）掌握码垛工作站的创建和配置。

（4）掌握码垛机器人程序编写与调试。

 机器人码垛工作站

码垛是指将形状基本一致的产品按一定的要求堆叠起来。码垛机器人的功能就是把料袋或者料箱一层一层码到托盘上，如图 3-1 所示。码垛的对象包括各种纸箱、袋装、罐装、啤酒箱等各种形状的包装。

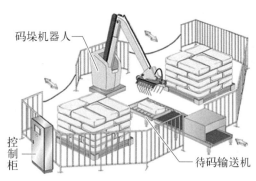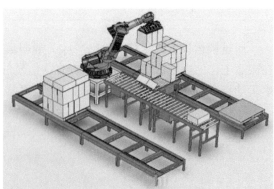

图 3-1　机器人码垛应用

码垛机器人工作站主要包括机器人和码垛系统。机器人由机器人本体及完成码垛排列控制的控制柜组成。码垛系统中末端执行器主要有吸附式、夹板式、抓取式和组合式等形式。

　　码垛机器人工作站是一种集成系统,可与生产系统相连接形成一个完整的集成化包装码垛生产线。码垛机器人完成一项码垛工作,除需要码垛机器人(机器人和码垛设备)外,还需要一些辅助周边设备。同时,为节约生产空间,合理的机器人工位布局尤为重要。

　　1. 码垛机器人本体

　　常见的码垛机器人主要由操作机、控制系统、码垛系统(气体发生装置、液压发生装置)和安全保护装置组成。

　　关节式码垛机器人的常见本体多为四轴,亦有五、六轴码垛机器人,但在实际包装码垛物流线中五、六轴码垛机器人相对较少。码垛主要在物流线末端进行,码垛机器人安装在底座(或固定座)上,其位置的高低由生产线高度、托盘高度及码垛层数共同决定。多数情况下,码垛精度的要求没有机床上下料搬运精度高,为节约成本、降低投入资金、提高效益,四轴机器人足以满足日常码垛要求。图 3-2 所示为 KUKA、FANUC、YASKAWA、ABB 四大家族相应的码垛机器人本体结构。

KUKA KR700PA　　　　　　　　　　FANUC M-410iB

YASKAWA MPL800　　　　　　　　　ABB IRB 660

图 3-2　四大家族码垛机器人本体

　　2. 码垛用的手爪

　　码垛机器人的末端执行器是夹持物品移动的一种装置,其原理与搬运机器人类似,常见形式有吸附式、夹板式、抓取式、类人式,具体可参照项目二搬运机器人的夹爪。

码垛机器人手爪的动作需要单独外力进行驱动,同搬运机器人一样,需要连接相应外部信号控制装置及传感系统,以控制码垛机器人手爪实时的动作状态及力的大小,其手爪驱动方式多为气动和液压驱动。通常在保证相同夹紧力情况下,气动比液压负载轻、卫生、成本低、易获取,故实际码垛中以压缩空气为驱动力的居多。

3. 周边设备

1)金属检测机

对于有些码垛场合,像食品、医药、化妆品、纺织品的码垛,为防止在生产制造过程中混入金属等异物,需要金属检测机进行流水线检测,如图 3-3 所示。

2)重量复检机

重量复检机在自动化码垛流水作业中起重要作用,其可以检测出前工序是否漏装、多装,并对合格品、欠重品、超重品进行统计,进而达到产品质量控制,如图 3-4 所示。

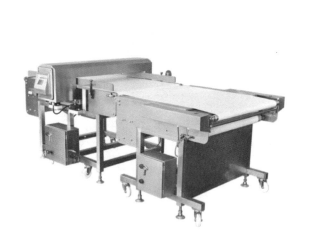

图 3-3　金属检测机

图 3-4　重量复检机

3)自动剔除机

自动剔除机是安装在金属检测机和重量复检机之后,主要用于剔除含金属异物及重量不合格的产品,如图 3-5 所示。

4)倒袋机

倒袋机是将输送过来的袋装码垛物按照预定程序进行输送、倒袋、转让等操作,以使码垛物按流程进入后续工序,如图 3-6 所示。

5)整形机

主要针对袋装码垛物的外形整形,经整形机整形后袋装码垛物内可能存在的积聚物会均匀分散,使外形整齐,之后进入后续工序,如图 3-7 所示。

6)传送带

传送带是自动化码垛生产线上必不可少的一个环节,针对不同的场地条件可选择不同的形式,如图 3-8 所示。

图3-5 自动剔除机

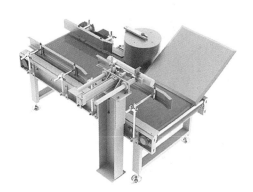

图3-6 倒袋机

图3-7 整形机

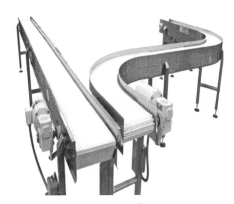

图3-8 组合式转弯传送带

4.工位布局

码垛机器人工作站的布局是以提高生产效率、节约场地、实现最佳物流码垛为目的。在实际生产中,常见的码垛工作站布局主要有全面式码垛和集中式码垛两种。

全面式码垛工作站中码垛机器人安装在生产线末端,可针对一条或两条生产线,具有较小的输送线成本与占地面积、较大的灵活性和增加生产量等优点,如图3-9所示。

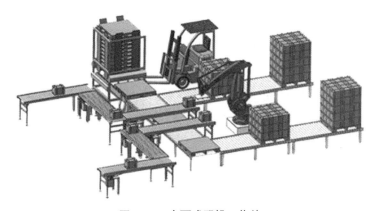

图3-9 全面式码垛工作站

图 3‑10　集中式码垛工作站

集中式码垛工作站中码垛机器人被集中安装在某一区域,可将所有生产线集中在一起,具有较高的输送线成本,节省生产区域资源,节约人员维护成本,一人便可全部操纵,如图 3‑10 所示。

在实际生产码垛中,按码垛进出情况常规划有一进一出、一进两出、两进两出和四进四出等形式。

1) 一进一出

一进一出常出现在场地相对较小、码垛线生产比较繁忙的情况,此类型的码垛速度较快,托盘分布在机器人的左侧或右侧,缺点是需要人工换托盘,浪费时间,如图 3‑11 所示。

2) 一进两出

在一进一出的基础上添加输出托盘,一侧满盘信号输入,机器人不会停止等待,直接码垛另一侧,码垛效率明显提高,如图 3‑12 所示。

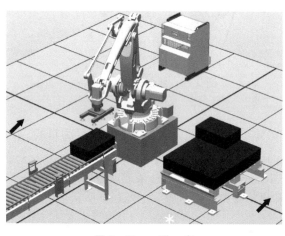

图 3‑11　一进一出

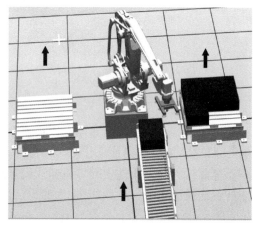

图 3‑12　一进两出

3) 两进两出

两进两出是两条输送链输入,两条码垛输出,多数两进两出机器人无需人工干预,码垛机器人自动定位摆放托盘,是目前应用最多的一种码垛形式,也是性价比最高的一种规划形式,如图 3‑13 所示。

4) 四进四出

四进四出系统多配有自动更换托盘功能,主要应用于多生产线的中等产量或低等产量的码垛,如图 3‑14 所示。

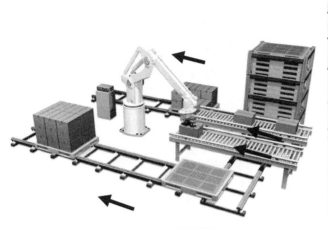

图 3 - 13 两进两出

图 3 - 14 四进四出

 任务描述

本工作站使用 IRB460 工业机器人对传输线输送来的纸箱进行一个输出工位的码垛操作,如图 3 - 15 所示。工作站布局是由 IRB460 机器人、物料输送线、码垛托盘组成。其中:① 为 IRB460 机器人;② 为送料线;③ 为码垛托盘;④ 为控制柜。

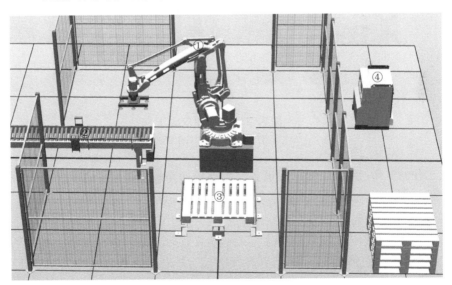

图 3 - 15 码垛机器人工作站布局

机器人末端法兰盘装有吸盘工具,机器人末端吸盘如图 3 - 16 所示。

码垛纸箱长 600 mm,宽 400 mm,高 200 mm。码垛机器人除了完成搬运的任务,还要将工件有规律的摆放在托盘上。

码垛摆放要求如图 3 - 17 所示,奇数层码垛要求如图 3 - 18(a)所示,偶数层码垛要求如图 3 - 18(b)所示,并依此规律进行叠加。

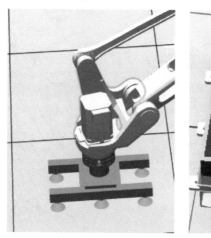

图 3 - 16　末端吸盘　　　　　　　　图 3 - 17　码垛效果

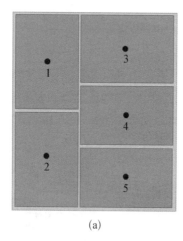

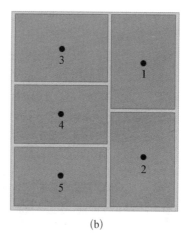

(a)　　　　　　　　　　　　　(b)

图 3 - 18　码垛单双层

(a) 奇数层摆放；(b) 偶数层摆放

　　码垛工作站工作过程为：输送线设备将工件传送至输送链的末端,安装在末端的传感器检测工件是否到位,工件到位后将信号传递给机器人,机器人对工件进行吸取,然后送到托盘,按照奇偶层进行码垛排列。

　　项目中已对输送线传送工件和手爪做了动画仿真效果,读者可在此基础上依次完成 I/O 配置、信号创建、程序数据创建、关键目标点示教、程序编写与调试,最终让机器人完成码垛工作任务。

 **知识准备**

　　1) Offs：偏移指令

以选定的目标点为基准,沿着选定工件坐标系的 X、Y、Z 轴方向偏移一定的距离。

例如：

MoveL Offs(p10,0,0,10),v1000,z50,tool0\Wobj：=wobj1;

将机器人 TCP 移动至以 p10 为基准点,沿着 wobj1 的 Z 轴正方向偏移 10 mm 的位置。

2) RelTool:偏移指令

RelTool 同样为偏移指令,而且可以设置角度偏移,但其参考的坐标系为工具坐标系。例如:

MoveL RelTool(p10,0,0,10\Rx: =0\Ry: =0\Rz: =45),v1000,z50,tool1;

则机器人 TCP 移动至 p10 为基准点,沿着 tool1 坐标系 Z 轴正方向偏移 10 mm,且 TCP 沿着 tool1 坐标系 Z 轴旋转 45°。

3) WHILE:循环运行指令

指令作用:如果条件满足,重复执行对应程序。

应用举例:WHILE reg0 < 10 DO

     Reg0: = reg0 + 1;

    ENDWHILE

执行结果:如果变量 reg0<10 条件一直成立,则重复执行 reg0 加 1,直至 reg0<10 条件不成立为止。

4) IF:逻辑判断指令

指令作用:满足不同条件,执行对应程序。

应用举例:IF reg0 > 10 THEN

    Set do1;

    ENDIF

执行结果:如果 reg0>10 条件满足,则执行 Set do1 指令将数字输出信号置为 1。

5) TEST:选择指令应用的扩展

指令作用:根据指定变量的判断结果,执行对应程序。将测试数据与第一个 CASE 条件中的测试值进行比较。如果对比真实,则执行相关指令。此后,通过 ENDTEST 后的指令,继续程序执行。

如果未满足第一个 CASE 条件,则对其他 CASE 条件进行测试等。如果未满足任何条件,则执行与 DEFAULT 相关的指令(如果存在)。

应用举例:TEST reg0

    CASE 1:

     routine1;

    CASE 2:

     routine2;

    DEFAULT:

     Stop;

    ENDTEST

执行结果:判断 reg0 数值,若为 1 则执行 routine1,若为 2 则执行 routine2,否则执行 Stop。

6) GripLoad:定义机械臂的有效负载

连接/断开有效负载,该指令在机械手的重量上增加或减去有效负载的重量。

例如:Reset doGripper;！抓取信号置位

WaitTime 0.3; ！等待释放

GripLoad load0；

在机械臂释放有效负载的同时，规定断开有效负载。load0 为当前有效负载的负载数据。

7）ConfL：轴配置监控指令

指令作用：机器人在线性运动及圆弧运动过程中是否严格遵循程序中设定的轴配置参数。默认情况下，轴配置监控是打开的，关闭后，机器人以最接近当前轴配置数据的配置到达指定目标点。

应用举例：目标点 p10 中，[1,0,1,0]是此目标点的轴配置数据：

CONST   robtarget p10：=[[＊,＊,＊],[＊,＊,＊,＊],[1,0,1,0],[9E9,9E9,

9E9,9E9,9E9,9E9]]；

PROC rMove()

ConfL \Off；

MoveL p10，v500，fine，tool0；

ENDPROC

执行结果：机器人自动匹配一组最接近当前各关节轴姿态的轴配置数据移动至目标点 p10，轴配置数据不一定为程序中指定的[1,0,1,0]。

 任务实施

打开文件 XM3_PalletizingROB_OK.exe，如图 3-19 所示。了解码垛工作站的组成，单击"播放"（Play）按钮，观看机器人工作站运动视频。

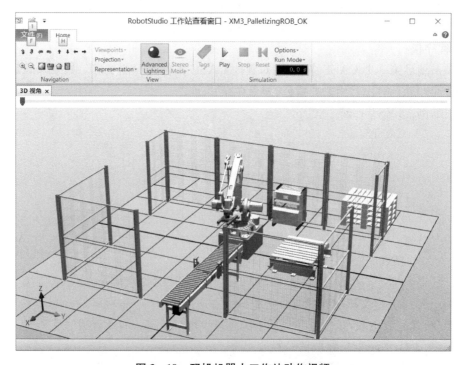

图 3-19   码垛机器人工作站动作视频

1. 解压工作站

双击工作站打包文件"XM3_PalletizingROB.rspag",如图 3-20 所示。

工作站解压过程如图 3-21 中的四个步骤所示,最后单击"完成"即可。

2. 配置 I/O 板和信号

在本工作站中,要用到的数字输入信号有托盘在位、传送带工件到位信号、吸盘真空开关信号等,因此需要配置 I/O 信号。

XM3_Palletizing ROB

图 3-20　工作站打包文件

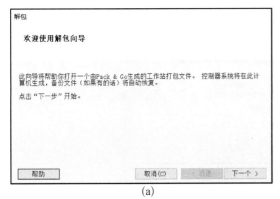

(a)

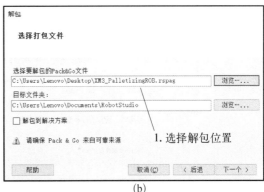

1. 选择解包位置

(b)

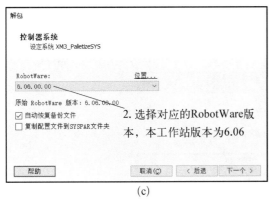

2. 选择对应的 RobotWare 版本,本工作站版本为 6.06

(c)

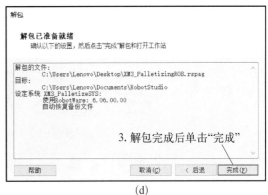

3. 解包完成后单击"完成"

(d)

图 3-21　工作站解包流程

根据所需信号选取了 DSQC652 通信板。它是下挂在 DeviceNet 总线上面的,通过 DeviceNet Device 进行配置,选用 DSQC652 模板进行设置,如图 3-22 所示。

Name 默认为 d652,如图 3-23 所示。

Address 修改为 10,如图 3-24 所示。

图 3-22　使用模板创建 DSQC652 板卡

图 3-23　Name 默认为 d652

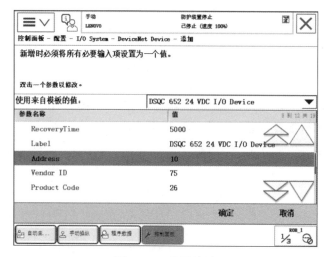

图 3-24　设置地址

I/O 信号的配置如表 3-1 所示。

表 3-1　I/O 信号配置表

Name	Type of Signal	Assigned to Device	Device Mapping	I/O 信号注解
diBoxInPos1	Digital Input	d652	4	工件传送到位
diPalletInPos1	Digital Input	d652	5	托盘在位
doGrip	Digital Output	d652	4	吸盘真空开关

注：因本项目已配置了仿真动画，建立信号时名称需一致，注意大小写。

进入"ABB 主菜单"→"控制面板"→"配置"→"I/O System"后，选择"Signal"进行设置，3 个信号设置如图 3-25～图 3-27 所示。

图 3-25　diBoxInPos1 信号

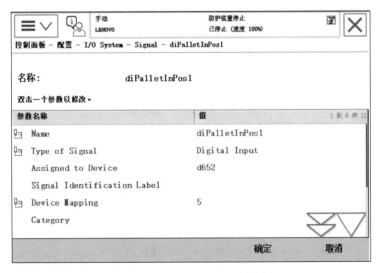

图 3-26　diPalletInPos1 信号

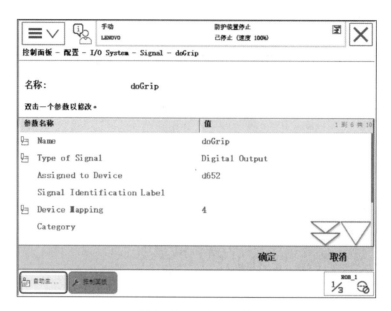

图 3 - 27　doGrip 信号

3. 创建程序数据

1) 创建工具坐标数据

此工作站中,工具部件为吸盘工具,需要创建一个 tGrip 的工具坐标。本搬运工作站使用的吸盘工具部件较为规整,参数如图 3 - 28 所示。

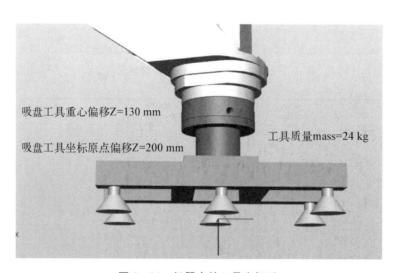

图 3 - 28　机器人的工具坐标系

新建的吸盘工具坐标系 tGrip 只是坐标系原点相对于 tool0 来说沿着其 Z 轴正方向偏移 200 mm,X 轴、Y 轴方向不变,沿用 tool0 方向。吸盘工具质量 24 kg,重心沿 tool0 坐标系 Z 方向偏移 130 mm。在示教器中,编辑工具数据确认各项数值(见表 3 - 2)。

表 3 - 2　工具坐标系数据

参 数 名 称	参 数 数 值	参 数 名 称	参 数 数 值
robhold	TRUE	q3	0
Trans		q4	0
X	0	mass	24
Y	0	cog	
Z	200	X	0
rot		Y	0
q1	1	Z	130
q2	0	其余参数均为默认值	

新建一个名为 tGrip 的工具坐标,如图 3 - 29 所示。

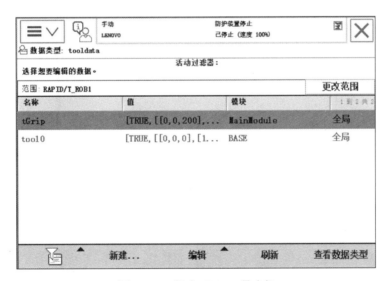

图 3 - 29　新建 tGrip 工具坐标

在图 3 - 29 中选择"编辑"→"更改值",按照表 3 - 2 中的值对 tGrip 工具坐标进行设定,结果如图 3 - 30 所示(该图作了处理,将示教器中分页显示合成为一页)。

2)创建工件坐标系数据

在本工作站中,工件坐标系采用系统默认的初始工件坐标系 Wobj0(此工作站的 Wobj0 与机器人基坐标系重合)。

3)创建载荷数据

在本工作站中,创建 2 个载荷数据,分别为空载载荷 LoadEmpty 和满载载荷 LoadFull。设置时只需设置重量和重心 2 个数据,如图 3 - 31 和图 3 - 32 所示。

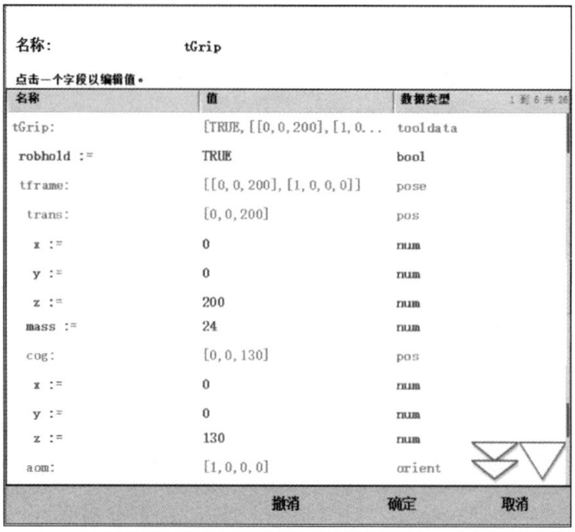

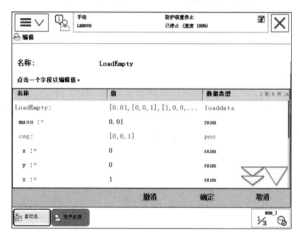

名称:		tGrip	
点击一个字段以编辑值。			
名称	值	数据类型	1 到 6 共 26
tGrip:	[TRUE, [[0, 0, 200], [1, 0...	tooldata	
robhold :=	TRUE	bool	
tframe:	[[0, 0, 200], [1, 0, 0, 0]]	pose	
trans:	[0, 0, 200]	pos	
x :=	0	num	
y :=	0	num	
z :=	200	num	
mass :=	24	num	
cog:	[0, 0, 130]	pos	
x :=	0	num	
y :=	0	num	
z :=	130	num	
aom:	[1, 0, 0, 0]	orient	

撤消　　　　　确定　　　　　取消

图 3 - 30　更改 tGrip 数据

注：该图已将示教器中 2 个画面合并成一张图。

图 3 - 31　空载载荷 LoadEmpty 设置

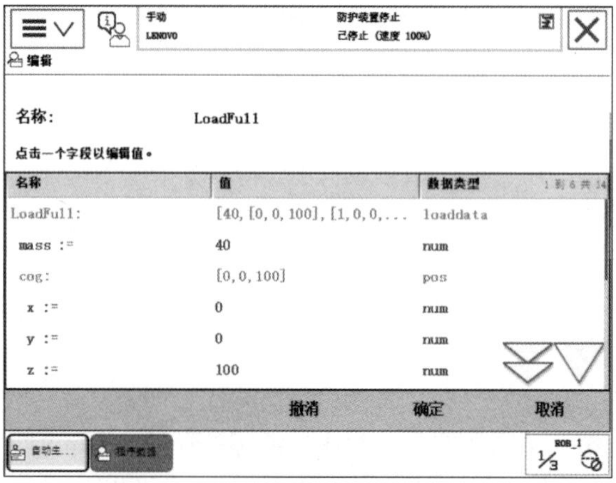

图 3 - 32　满载载荷 LoadFull 设置

4. 创建标志

1) 托盘满标志 bPalletFull1

bPalletFull1 为 bool 类型数据，创建过程如图 3 - 33～图 3 - 35 所示。

(1) 在"程序数据"窗口中视图下拉菜单中选择"全部数据类型"，然后找到并选中 bool 数据类型，如图 3 - 33 所示。

图 3 - 33　选择数据类型窗口

(2) 单击"bool"后再单击"新建"出现图 3 - 34 所示的"数据声明"窗口。在"数据声明"窗口将名称改为 bPalletFull，并单击"确定"。

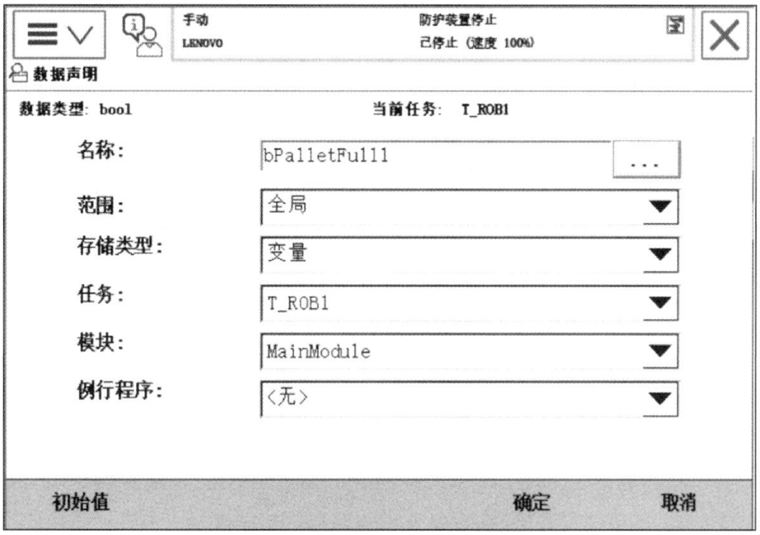

图 3 - 34　创建 bool 数据类型窗口

（3）在图 3-35 窗口中，将其初值赋为 False。

图 3-35　修改 **bPalletFull** 数据初值

2）创建工件计数数据 nCount1

nCount1 为 num 类型的数据，创建过程如图 3-36 和图 3-37 所示。

（1）在数据类型窗口中选择 num 类型数据并单击，出现创建 num 类型数据窗口，将其名称修改为 nCount1，如图 3-36 所示。

图 3-36　创建 **num** 数据类型窗口

（2）在图 3 - 37 窗口中,将其初值赋为 1。

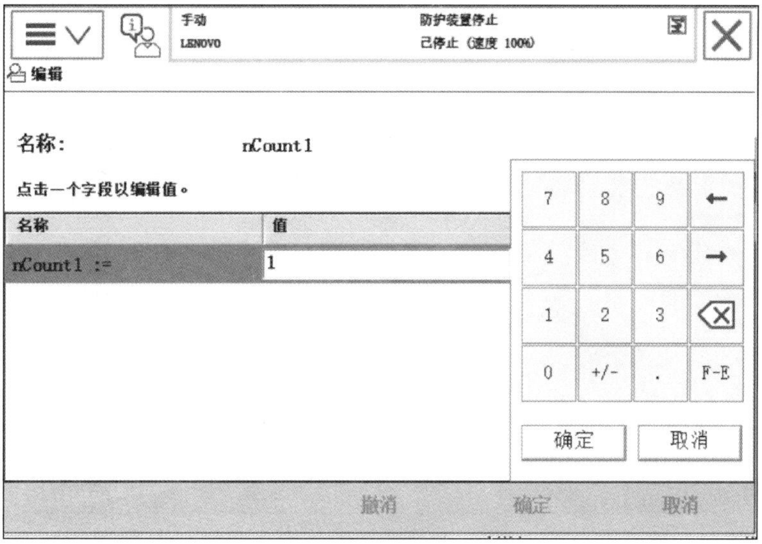

图 3 - 37　修改 nCount1 数据初值

5. 示教目标点

关键目标点主要有：工作原点（pHome）、传送带抓取工件位置（pPick）、放置基准点 1(pBase1)以及放置基准点 2(pBase2)。

以创建 pHome 目标点为例,在数据类型窗口中选择 robtarget 类型数据并单击,出现创建 robtarget 类型数据窗口,将其名称修改为 pHome,存储类型为可变量,如图 3 - 38 所示。

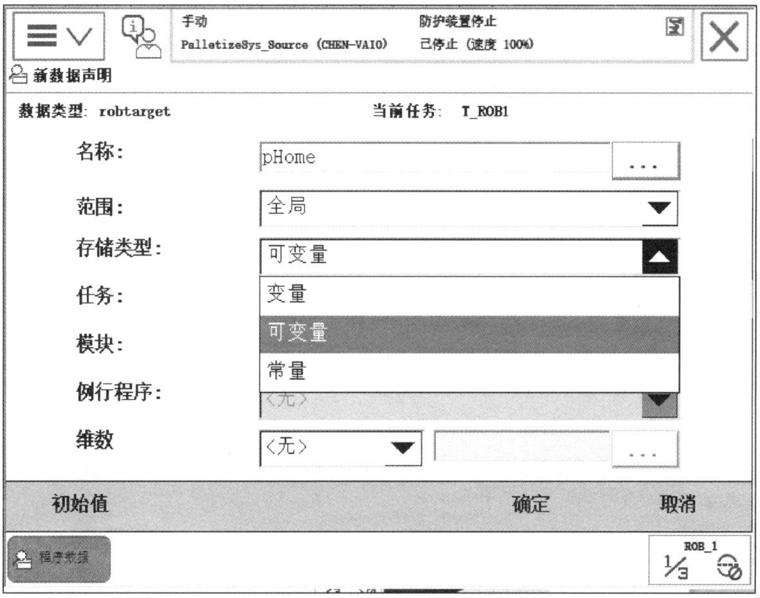

图 3 - 38　创建 pHome 目标点

4 个目标点数据创建完成后如图 3-39 所示。

数据类型: robtarget			
选择想要编辑的数据。	活动过滤器:		
范围: RAPID/T_ROB1			更改范围
名称	值	模块	1 到 4 共 4
pBase1	[[1491.61,372.6,1...	MainModule	全局
pBase2	[[1491.61,372.6,1...	MainModule	全局
pHome	[[1491.61,372.6,8...	MainModule	全局
pPick	[[1491.61,372.6,4...	MainModule	全局

手动 LENOVO　防护装置停止 己停止 (速度 100%)

新建… 编辑 刷新 查看数据类型

图 3-39　目标点创建完成

下面对各个目标点进行示教,示教时选择工具坐标为 tGrip,工件坐标默认为 Wobj0。

1) pPick 示教

在布局窗口,将"物料 pick_示教"工件设为可见,这样在传送带末端就会出现一个工件。通过移动机器人,使工具位置如图 3-40 所示,然后打开图 3-39 的窗口,选中"编辑"菜单,单击"修改位置",这样 pPick 目标点就示教完成。

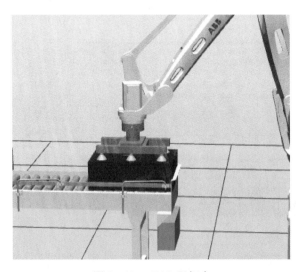

图 3-40　pPick 目标点　　　　**图 3-41　pHome 目标点**

2) pHome 示教

在 pPick 目标点基础上,通过移动机器人的 Z 方向,使工具位置如图 3-41 所示,同样的方法对 pHome 目标点进行示教。

3）pBase1 和 pBase2 示教

机器人要完成图 3-42 所示的奇偶层码垛，需要对码垛工件位置进行示教。如果将工件从输送线位置搬运至奇数层位置 1，需要对奇数层位置 1 这个位置点进行示教，1 层 5 个工件就需要示教 5 个点，10 层需要 50 个点。那是否可以找出其中规律，减少点呢？观察第一层和第二层的摆放位置，选择如图 3-43 示教点 pBase1、pBase2，然后选择 Offs 偏移指令，其余位置点通过运算可以得到。

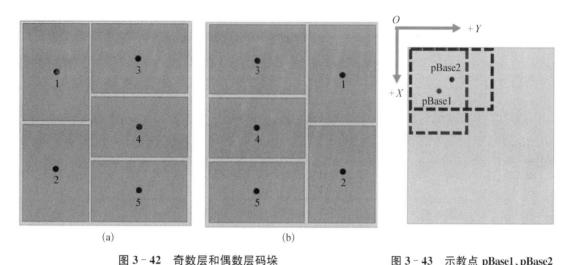

图 3-42　奇数层和偶数层码垛

（a）奇数层码垛；（b）偶数层码垛

图 3-43　示教点 pBase1、pBase2

分别将布局窗口的"物料 Base1_示教"和"物料 Base2_示教"工件设为可见，这两个工件分别为 pBase1 和 pBase2 的示教位置，如图 3-44 所示。采用示教 pPick 的方法分别示教这 2 个目标点。

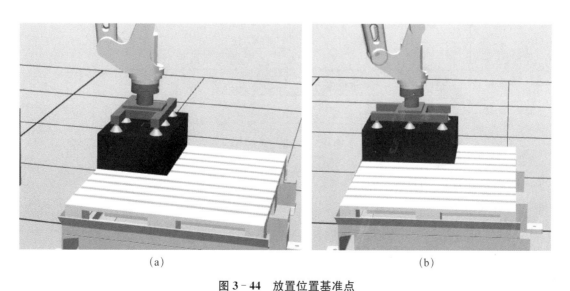

图 3-44　放置位置基准点

（a）pBase1 目标点；（b）pBase2 目标点

完成 pBase1 和 pBase2,在工件坐标 wobj0 下,根据剁型及工件的尺寸就可以用 pBase1 和 pBase2 描述其余各个工件的位置。

如图 3-42 所示,码垛的第一层是奇数层,共有 5 个位置,分别为: Offs(pBase1,0,0,0)、Offs(pBase1,600,0,0)、Offs(pBase2,0,400,0)、Offs(pBase2,400,400,0)、Offs(pBase2,800,400,0)。

如图 3-42 所示,码垛的第二层是偶数层,也有 5 个位置,分别为: Offs(pBase2,0,0,200)、Offs(pBase2,400,0,200)、Offs(pBase2,800,0,200)、Offs(pBase1,0,600,200)、Offs(pBase1,600,600,200)。

更高层数的工件位置,只要在第一层和第二层基础上,在 Z 轴正方向上面叠加相应的产品高度即可完成。

4) 创建 pPlace 位置

创建一个 robtarget 类型的可变量 pPlace,该变量的作用是将用 pBase1 和 pBase2 所表示的工件位置赋值给 pPlace,机器人按照 pPlace 的位置放置工件。创建的 pPlace 如图 3-45 所示。

图 3-45 pPlace 目标点

6. 程序编写与调试

1) 工艺要求

(1) 在进行搬运轨迹示教时,吸盘夹具姿态保持与工件表面平行。

(2) 机器人运行轨迹要求平缓流畅,放置工件时平缓准确。

2) 控制流程图

为了方便读者编写程序,可以参考码垛工作站控制流程图,如图 3-46 所示。

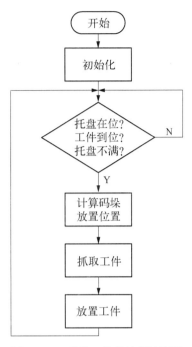

图 3-46 码垛工作站控制流程图

3）建立例行程序

MainModule 程序模块已经建立，可在示教器的程序编辑器中查看，如图 3-47 所示。

图 3-47 MainModule 模块

新建例行程序 Main、rInitial、rPick1、rPlace1、rPos，这几个例行程序功能如表 3-3 所示，例行程序模块如图 3-48 所示。

表 3-3　例行程序列表

例 行 程 序	程 序 功 能	例 行 程 序	程 序 功 能
Main	主程序	rPlace1	放置例行程序
rInitial	初始化例行程序	rPos	位置计算例行程序
rPick1	拾取例行程序		

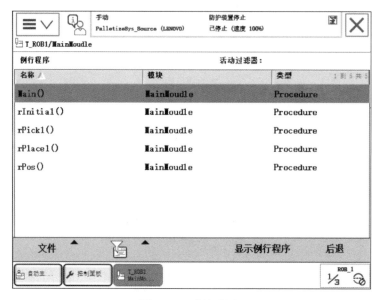

图 3-48　例行程序

4）编写各例行程序

（1）主程序。用于整个流程的控制，根据码垛项目控制流程图，将主程序填写完整，参考程序如下。

```
PROC Main()
    rInitial;        ! 调用初始化程序,用于复位机器人位置、信号、数据等
    WHILE TRUE DO
        IF diBoxInPos1=1 and diPalletInPos1=1 and bPalletFull1 FALSE
        THEN       ! 条件判断
            rPos;      ! 调用位置计算子程序
            rPick1;    ! 调用抓取子程序
            rPlace1;   ! 调用放置子程序
        ENDIF
    ENDWHILE
ENDPROC
```

（2）初始化例行程序。完成机器人回原点的功能，还需要对输出信号及计数变量进行复位，参考程序如下所示。

```
PROC rInitial()
    ConfJ\Off；
    ConfL\Off；
    Reset doGrip；
    MoveJ pHome，v1000，fine，tGrip\WObj：=wobj0；
    bPalletFull1 ：= FALSE；
    nCount1 ：= 1；
ENDPROC
```

（3）抓取例行程序。完成从传送带末端将工件抓取的功能，参考程序如下。

```
PROC rPick1()
    MoveJ Offs(pPick,0,0,400)，v1000，z50，tGrip\WObj：=wobj0；
                ！机器人运动至抓取位置 pPick 上方 400 mm 处
    MoveL pPick，v200，fine，tGrip\WObj：=wobj0；
                ！机器人运动至抓取位置 pPick 处
                Set doGrip；！开吸盘真空
    WaitTime 0.2；
                GripLoad loadFull；！加载满荷负载
    MoveJ Offs(pPick,0,0,400)，v200，z50，tGrip\WObj：=wobj0；
                ！机器人运动至抓取位置 pPick 上方 400 mm 处
ENDPROC
```

（4）放置例行程序。完成将抓取的工件放置到正确的位置（该位置已经过运算处理），并将计数值加 1，如果计数超过目标数（码垛 2 层，计数目标为 10），则将托盘满的标志 bPalletFull1 置为 TRUE，参考程序如下。

```
PROC rPlace1()
    MoveJ Offs(pPlace,0,0,400)，v1000，z50，tGrip\WObj：=wobj0；
                ！机器人运动至相应放置位置 pPlace 上方 400 mm
    MoveL pPlace，v200，fine，tGrip\WObj：=wobj0；
                ！机器人运动至相应的放置位置 pPlace
    Reset doGrip；        ！复位码垛吸盘
    WaitTime 0.2；    ！延时等待 0.2 秒
    GripLoad loadEmpty；！加载载荷
    MoveJ Offs(pPlace,0,0,400)，v200，z50，tGrip\WObj：=wobj0；
                ！机器人运动至相应放置位置 pPlace 上方 400 mm
    MoveJ Offs(pPick,0,0,400)，v1000，fine，tGrip\WObj：=wobj0；
                ！机器人运动至相应放置位置 pPick 上方 400 mm
    nCount1 ：= nCount1 + 1；
    IF nCount1 > 10 THEN
        bPalletFull1 ：= TRUE；        ！码垛数到 bPalletFull1 位置
```

```
        ENDIF
    ENDPROC
```

（5）位置计算例行程序。完成码垛各个位置的计算,本例中以码垛 2 层,pBase1 和 pBase2 为示教基准点,计算码垛的 10 个位置,参考程序如下。

```
    PROC rPos()
        TEST nCount1
        CASE 1：
            pPlace：=Offs(pBase1,0,0,0)；
        CASE 2：
            pPlace：=Offs(pBase1,600,0,0)；
        CASE 3：
            pPlace：=Offs(pBase2,0,400,0)；
        CASE 4：
            pPlace：=Offs(pBase2,400,400,0)；
        CASE 5：
            pPlace：=Offs(pBase2,800,400,0)；
        CASE 6：
            pPlace：=Offs(pBase2,0,0,200)；
        CASE 7：
            pPlace：=Offs(pBase2,400,0,200)；
        CASE 8：
            pPlace：=Offs(pBase2,800,0,200)；
        CASE 9：
            pPlace：=Offs(pBase1,0,600,200)；
        CASE 10：
            pPlace：=Offs(pBase1,600,600,200)；
        DEFAULT：
            Stop；
        ENDTEST
    ENDPROC
```

上述程序完成了 2 层码垛的摆放,下面可以自己尝试更多层码垛的程序设计调试。

5) 项目完整程序

```
MODULE MainModule
    PERS loaddata loadEmpty：=[0.01,[0,0,1],[1,0,0,0],0,0,0]；
    PERS loaddata loadFull：=[40,[0,0,100],[1,0,0,0],0,0,0]；
    VAR bool bPalletFull1：=FALSE；
    VAR num nCount1：=0；
    CONST robtarget pBase1：=[[−281.95,1269.31,55.40],[9.71378E−07,0.706878,
```

−0.707336,1.52725E−06],[1,0,0,0],[9E+09,9E+09,9E+09,9E+09,9E+09,9E+09]];

CONST robtarget pBase2：=[[−393.41,1366.62,55.40],[5.04138E−07,0.00196802,0.999998,−1.73837E−06],[1,0,1,0],[9E+09,9E+09,9E+09,9E+09,9E+09,9E+09]];

CONST robtarget pHome：=[[1491.61,372.60,816.11],[9.31532E−07,−0.707106,−0.707107,1.55188E−06],[0,0,1,0],[9E+09,9E+09,9E+09,9E+09,9E+09,9E+09]];

CONST robtarget pPick：=[[1491.61,372.60,474.31],[9.31532E−07,−0.707106,−0.707107,1.55188E−06],[0,0,1,0],[9E+09,9E+09,9E+09,9E+09,9E+09,9E+09]];

PERS robtarget pPlace：=[[318.05,1869.31,255.4],[9.71378E−07,0.706878,−0.707336,1.52725E−06],[1,0,0,0],[9E+09,9E+09,9E+09,9E+09,9E+09,9E+09]];

PERS tooldata tGrip：=[TRUE,[[0,0,200],[1,0,0,0]],[24,[0,0,130],[1,0,0,0],0,0,0]];

```
PROC Main()
    rInitial；
    WHILE TRUE DO
    IF diBoxInPos1 = 1  and  diPalletInPos1 = 1  and  bPalletFull1 = FALSE
    THEN
            rPos；
            rPick1；
            rPlace1；
        ENDIF
    ENDWHILE
ENDPROC
PROC rInitial()
    ConfJ\Off；
    ConfL\Off；
    Reset doGrip；
    MoveJ pHome, v1000, fine, tGrip\WObj：=wobj0；
    bPalletFull1 ：= FALSE；
    nCount1 ：= 1；
ENDPROC
PROC rPick1()
    MoveJ Offs(pPick,0,0,400), v1000, z50, tGrip\WObj：=wobj0；
    MoveL pPick, v200, fine, tGrip\WObj：=wobj0；
    Set doGrip；
    WaitTime 0.2；
    GripLoad loadFull；
    MoveJ Offs(pPick,0,0,400), v200, z50, tGrip\WObj：=wobj0；
ENDPROC
```

```
PROC rPlace1()
    MoveJ Offs(pPlace,0,0,400)，v1000，z50，tGrip\WObj：=wobj0；
    MoveL pPlace，v200，fine，tGrip\WObj：=wobj0；
    Reset doGrip；
    WaitTime 0.2；
    GripLoad loadEmpty；
    MoveJ Offs(pPlace,0,0,400)，v200，z50，tGrip\WObj：=wobj0；
    MoveJ Offs(pPick,0,0,400)，v1000，fine，tGrip\WObj：=wobj0；
    nCount1 ：= nCount1 + 1；
    IF nCount1 > 10 THEN
        bPalletFull1 ：= TRUE；
    ENDIF
ENDPROC
PROC rPos()
    TEST nCount1
    CASE 1：
        pPlace ：= Offs(pBase1,0,0,0)；
    CASE 2：
        pPlace ：= Offs(pBase1,600,0,0)；
    CASE 3：
        pPlace ：= Offs(pBase2,0,400,0)；
    CASE 4：
        pPlace ：= Offs(pBase2,400,400,0)；
    CASE 5：
        pPlace ：= Offs(pBase2,800,400,0)；
    CASE 6：
        pPlace ：= Offs(pBase2,0,0,200)；
    CASE 7：
        pPlace ：= Offs(pBase2,400,0,200)；
    CASE 8：
        pPlace ：= Offs(pBase2,800,0,200)；
    CASE 9：
        pPlace ：= Offs(pBase1,0,600,200)；
    CASE 10：
        pPlace ：= Offs(pBase1,600,600,200)；
    DEFAULT：
        Stop；
    ENDTEST
```

　　ENDPROC

ENDMODULE

6）程序仿真运行

　　本工作站已预先完成输送链、吸盘吸取和吸盘放置动作的仿真，在仿真菜单下，单击 按钮，即可仿真运行。

项目拓展

1）用 RelTool 进行位置点的计算

　　在图 3-49 的剁型中，只需示教 pBase1，然后用 RelTool 指令和 pBase1 位置来表示其余所有的位置。当前使用的工具坐标系如图 3-50 中所示，各位置点如下。

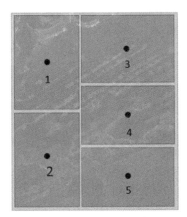
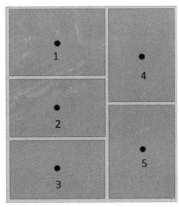
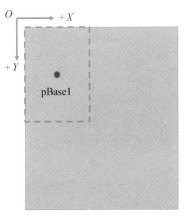

图 3-49　奇数层和偶数层码垛　　　　　　图 3-50　示教点 pBase1

第 1 层位置 1：CASE 1：

　　　　　　pPlace：=RelTool(pBase1,0,0,0\Rz：=0)；

第 1 层位置 2：CASE 2：

　　　　　　pPlace：=RelTool(pBase1,0,600,0\Rz：=0)；

第 1 层位置 3：CASE 3：

　　　　　　pPlace：=RelTool(pBase1,500,-100,0\Rz：=90)；

第 1 层位置 4：CASE 4：

　　　　　　pPlace：=RelTool(pBase1,500,300,0\Rz：=90)；

第 1 层位置 5：CASE 5：

　　　　　　pPlace：=RelTool(pBase1,500,700,0\Rz：=90)；

第 2 层位置 1：CASE 6：

　　　　　　pPlace：=RelTool(pBase1,100,-100,-200\Rz：=90)；

第 2 层位置 2：CASE 7：

　　　　　　pPlace：=RelTool(pBase1,100,300,-200\Rz：=90)；

第 2 层位置 3：CASE 8：

        pPlace：=RelTool(pBase1,100,700,-200\Rz：=90)；

第 2 层位置 4：CASE 9：

        pPlace：=RelTool(pBase1,600,0,-200\Rz：=0)；

第 2 层位置 5：CASE 10：

        pPlace：=RelTool(pBase1,600,600,-200\Rz：=0)；

2）利用数组储存码垛位置

对于一些常见的码垛垛型，可以利用数组来存放各个摆放位置数据，在放置程序中直接调用该数据即可。

什么是数组？在定义程序数据时，可以将同种类型、同种用途的数值存放在同一个数据中，当调用该数据时需要写明索引号来制定调用的是该数据中的哪个数值，这既是所谓的数组。在 RAPID 中，可以定义一维数组、二维数组以及三维数组。

例如，一维数组：

VAR num num1{3}：=[5,7,9]；

! 定义一维数组 num1

num2= num1{2}；

! num2 被赋值为 7

例如，二维数组：

VAR num num1{3,4}：=[[1,2,3,4],[5,6,7,8],[9,10,11,12]]；

! 定义二维数组 num1

num2= num1{3,2}；

! num2 被赋值为 10

在程序编写过程中，当需要调用大量的同种类型、同种用途的数据时，创建数据时可以利用数组来存放这些数据，这样便于在编程过程中对其进行灵活调用。甚至在大量 I/O 信号调用过程中，也可以先将 I/O 信号进行别名的操作，即将 I/O 信号与信号数据关联起来，之后将这些信号数据定义为数组类型，在程序编写中便于对同种类型、同种用途的信号进行调用。

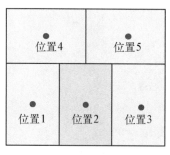

图 3-51　第一层摆放位置

以码垛图 3-51 的垛型，只需示教一个基准位置点 p1（位置 1），之后就能创建一个数组，用于存储 5 个摆放位置。

    PERS num nPosition{5,4}：=[[0,0,0,0],[400,0,0,0],[800,0,0,90],

               [100,500,0,-90],[700,500,0,-90]]；

! 该数组中共有 5 组数据，分别对应 5 个摆放位置；每组数据中有 4 项数值，分别代表 X、Y、Z 偏移值以及旋转度数。该数组中的各项数值只需按照几何算法算出各摆放位置相对于基准点 p1（位置 1）的 X、Y、Z 偏移值以及旋转度数（此产品长为 600 mm，宽为 400 mm）。

PERS num nCount：＝1；

！定义数字型数据，用于产品计数

PROC rPlace()

……

MoveL RelTool(p1,nPosition\{ nCount ,1\},nPosition\{ nCount ,2\},nPosition\{ nCount ,3\}
\Rz：＝ nPosition\{ nCount ,4\},v1000,fine,tGripper\WobjPallet_L;

……

ENDPROC

调用该数组时，第一项索引号为产品计数 nCount，利用 RelTool 功能将数组中每组数据的各项数值分别叠加到 X、Y、Z 偏移，以及绕着工具 Z 轴方向选择的度数之上，即可较为简单地实现位置的计算。

3）码垛节拍优化技巧

在码垛过程中，最为关注的是每一个运行周期节拍。在码垛程序中，通常可以在以下几个方面进行节拍的优化。

（1）增加过渡点。在机器人运行轨迹过程中，经常会有一些中间过渡点，即在该位置机器人不会具体触发事件，例如拾取正上方位置点、放置正上方位置点、绕开障碍物而设置的一些位置点，在运动至这些位置点时应将转弯半径设置得相应大一些，这样可以减少机器人在转角时的速度衰减，同时也可使机器人运行轨迹更加圆滑。

例如，在拾取放置动作过程中（见图 3-52），机器人在拾取和放置之前需要先移动至其正上方处，之后竖直上下对工件进行拾取放置动作。

程序如下：

MoveJ　pPrePick,vEmptyMax,z50,tGripper；

MoveL　pPick,vEmptyMin,fine,tGripper；

Set　doGripper；

……

MoveJ　pPrePlace,vLoadMax,z50,tGripper；

MoveJ　pPlace,vLoadMin,fine,tGripper；

ReSet　doGripper；

……

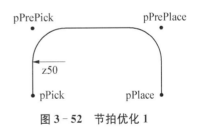

图 3-52　节拍优化 1

在机器人 TCP 运动至 pPrePick 和 pPrePlace 点位的运动指令中写入转弯半径 z50，这样机器人可在此两点处以半径为 50 mm 的轨迹圆滑过渡，速度衰减较小。在满足轨迹要求的前提下，转弯半径越大，运动轨迹越圆滑。但在 pPick 和 pPlace 点位处需要置位夹具动作，所以一般情况下使用 fine，即完全到达该目标点处再置位夹具。

（2）运用 Trigg 触发指令。善于运用 Trigg 触发指令，即要求机器人在准确的位置触发事件，例如真空夹具的提前开真空、释放真空，带钩爪夹具对应钩爪的控制均可采用触发指令，这样能够在保证机器人速度不衰减的情况下在准确的位置触发相应的事件。

例如，在真空吸盘式夹具对产品进行拾取过程中，一般情况下，拾取前需要提前打开真空，这样可以减少拾取过程的时间，在此案例中，机器人需要在拾取位置前 20 mm 处将真空完全打开,夹具动作延时时间 0.1 s,如图 3-53 所示。

程序如下:

```
VAR    triggdata VacuumOpen;
……
MoveJ    pPrePick,vEmptyMax,z50,tGripper;
TriggEquip    VacuumOpen,20,0.1\DOp:=doVacuumOpen,1;
TriggLpPick,vEmptyMin,VacuumOpen,fine,tGripper;
……
```

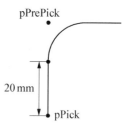

图 3-53 节拍优化 2

这样,当机器人 TCP 运动至拾取点位 pPick 之前 20 mm 处已将真空完全打开,这样可以快速地在工件表面产生真空,从而将产品拾取,减少了拾取过程的时间。

(3) 利用反馈信号。程序中尽量少使用 Waittime 固定等待时间指令,可在夹具上面添设反馈信号,利用 WaitDI 指令,当等待到条件满足则立即执行。

例如,在夹取产品时,一般预留夹具动作时间,设置等待时间过长则降低节拍,过短则可能夹具未运动到位。若用固定的等待时间 Waittime,则不容易控制,也可能增加节拍。此时若利用 WaitDI 监控夹具到位反馈信号,则可便于对夹具动作的监控及控制。

在图 3-52 的路径中,程序如下:

```
MoveJ    pPick,vEmptyMin,fine,tGripper;
Set    doGripper;
    (Waittime 0.3)
WaitDI    diGripClose,1;
……
MoveJ    pPlace,vLoadMin,fine,tGripper;
ReSet    doGripper;
    (Waittime 0.3)
WaitDI    diGripOpen,1;
……
```

在置位夹具动作时,若没有夹具动作到位信号 diGripOpen 和 diGripClose,则需要强制预留夹具动作时间 0.3 s。这样既不容易对夹具进行控制,也容易浪费时间,所以建议在夹具端配置动作到位检测开关,之后利用 WaitDI 指令监控夹具动作到位信号。

(4) 自动测算重量和重心。在某些运行轨迹中,机器人的运行速度设置过大则容易触发过载报警。在整体满足机器人载荷能力要求的前提下,此种情况多是由于未正确设置夹具重量和重心偏移,以及产品重量和重心偏移所致。此时需要重新设置该项数据,若夹具或产品形状复杂,可调用例行程序 LoadIdentify,让机器人自动测算重量和重心偏移;同时也可利用 AccSet 指令来修改机器人的加速度,在易触发过载报警的轨迹之前利用此指令降低加速度,过后再将加速度加大。

例如,程序如下:

```
MoveL    pPick,vEmptyMin,fine,tGripper;
Set    doGripper;
```

```
WaitDI    diGripClose,1;
AccSet    70,70;
……
MoveL    pPlace,vLoadMin,fine,tGripper;
ReSet    doGripper;
WaitDI    diGripOpen,1;
AccSet    100,100;
……
```

在机器人有负载的情况下利用 AccSet 指令将加速度减小,在机器人空载时再将加速度加大,这样可以减少过载报警。

(5)确保安全删除无用过渡点。在运行轨迹中通常会添加一些中间过渡点以保证机器人能够绕开障碍物。在保证轨迹安全的前提下,应尽量减少中间过渡点的选取,删除没有必要的过渡点,这样机器人的速度才能提高。如果两个目标点之间离的较近,则机器人还未加速至指令中所写速度,则就开始减速,这种情况下机器人指令中写的速度即使再大,也不会明显提高机器人的实际运行速度。

例如,机器人从 pPick 点运动至 pPlace 点(见图 3-54)时需要绕开中间障碍物,需要添加中间过渡点,此时应在保证不发生碰撞的前提下尽量减少中间过渡点的个数,规划中间过渡点的位置,否则点位过于密集,不易提升机器人的运行速度。

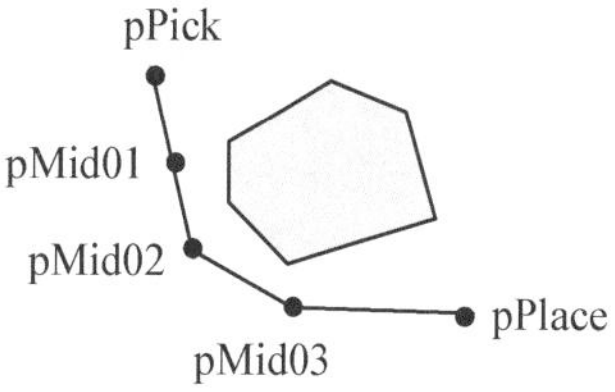

图 3-54 节拍优化 3

(6)工位合理布局。整个机器人码垛系统要合理布局,使取件点及放件点尽可能靠近;优化夹具设计,尽可能减少夹具开合时间,并减轻夹具重量;尽可能缩短机器人上下运动的距离;对不需保持直线运动的场合,用 MoveJ 代替 MoveL 指令(需事先低速测试,以保证机器人运动过程中不与外部设备发生干涉)。

 项目小结

通过码垛机器人工作站的学习,了解了码垛机器人的基本组成及码垛编程的基本思路。在实践中,依次完成了工作站 I/O 信号的配置、程序数据的创建、目标点示教,使用基本运动指令及基本 I/O 指令编写了码垛机器人工作站程序,并进行调试仿真。

项目四
机器人机床上下料工作站应用

 任务目标

（1）了解机床上下料工作站。

（2）巩固学习运动指令、I/O 控制指令。

（3）掌握机床上下料工作站程序的编写及调试。

 机床上下料工作站

随着经济发展及人力成本的提高，越来越多的传统人力密集型 3C 代工厂开始大量采用机器人实现自动化生产。机器人机床上下料工作站适用于大批量、重复性强以及工件重量较大的工作场合，另外在高温、粉尘等恶劣工作环境下使用也越来越多。

数控机床的上下料程序简单，使用机器人进行上下料取代人工完成工件的自动装卸工作，具有定位准确、速度快、效能高、精度高、无污染等优点。机床上下料工作站能够满足快速、大批量加工节拍的生产要求，减少人工因素造成的浪费，节省人力资源成本，大大提高工厂的生产效率。同时具有保证生产质量稳定、减少机床及刀具损耗、工作节拍可调、运行平稳可靠以及维修方便等特点。图 4-1 是典型的机器人机床上下料工作站。

目前常见机器人上下料工作站有：1"人"1 机模式、1"人"双机模式、1"人"多机模式以及多"人"多机模式。

CNC 机床上下料工作站系统主要包括工业机器人本体、料仓系统、末端夹持系统、控制系统、安全防护系统等，以及客户端匹配的数控机床组成的自动化系统。

用于机床上下料操作的 ABB 机器人有 IRB120、IRB140、IRB1200、IRB1600、IRB2600、IRB4600、IRB6620、IRB6700 等。

图 4-2 中 CNC 机床上下料工作站中选择了 IRB4600 机器人。工作站布局是由 CNC 机床、入料输送线、IRB4600 机器人、出料输送线组成。

CNC 机床上下料工作站中使用的是 ICR5 型控制柜，工作站中的机器人是由机器人本体和完成搬运轨迹的控制柜组成。

(a)　　　　　　　　　　　　　　　(b)

(c)　　　　　　　　　　　　　　　(d)

图 4-1　机器人机床上下料工作站

（a）轴类零件上下料；（b）盘类零件上下料；（c）方形零件上下料；（d）冲压件上下料

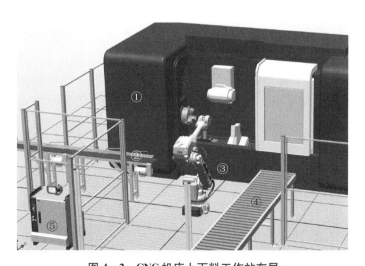

图 4-2　CNC 机床上下料工作站布局

① CNC 机床；② 送料线；③ IRB4600 机器人；④ 出料线；⑤ 控制柜

机器人末端法兰盘装有夹持器工具，机器人末端夹持器如图 4-3 所示。夹持器工具是利用两侧的夹爪对零件进行拾取处理，机器人利用输出信号控制夹紧和放松，从而实现零件的拾取和释放。

CNC 机床上下料工作站中左侧的送料线设备，将未加工的工件传送至输送链末端，输送链末端设置有传感器，可以检测工件是否到位，工件到位后将信号传递给机器人，机器人就对工件进行夹取。

CNC 机床上下料工作站中右侧为出料线设备，机器人将 CNC 机床加工好的工件放置到该输送链末端的放料盘中。

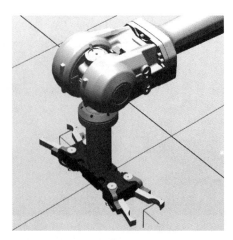

图 4-3　末端夹持器

 任务描述

本工作站以 CNC 机床上下料为例，采用 ABB 公司 IRB4600 机器人，完成机床上下料的工作任务。工作站已经设定虚拟机床上下料相关的动作效果，包括：机器人在操作原位等待，左侧送料线工件到位信号，夹具 GripJ1 夹取工件，放置在 CNC 机床内并夹紧。数控机床对工件进行加工，待机床加工工序完成后，夹具 GripJ2 从数控机床中先夹取已加工好的工件，然后夹具 GripJ1 放置未加工的零件，最后夹具 GripJ2 将加工好的工件放置在右侧出料线上的放料盘中，直到放料盒放满为止。然后进行循环操作。

 **知识准备**

1）WaitDI 指令

指令作用：等待数字输入信号达到指定状态，并可设置最大等待时间以及超时标识。

应用举例：WaitDI di1,1\MaxTime：＝5\TimeFlag：＝bool1；

执行结果：指令功能：等待数字输入信号 di1 变为 1，最大等待时间为 5 s，若超时则 bool1 被赋值为 TRUE，程序继续执行下一条指令；若不设最大等待时间，则指令一直等待直至信号变为指定数值。

2）WaitUntil 指令

指令作用：等待条件成立，并可设置最大等待时间以及超时标识。

应用举例：WaitUntil reg1＝5\MaxTime：＝6\TimeFlag：＝bool1；

执行结果：等待数值型数据 reg1 变为 5，最大等待时间为 6 s，若超时则 bool1 被赋值为 TRUE，程序继续执行下一条指令；若不设最大等待时间，则指令一直等待直至条件成立。

3）VelSet：速度设置指令

例如：VelSet 50,1500；

第 1 个参数：速度百分比，针对各运动指令中的速度数据，当前数值为 50。

第 2 个参数：线速度最高限值，不能超过 2 000 mm/s，当前数值为 1 500 mm/s。

此条指令运行之后，机器人所有的运动指令均会受其影响，直至下一条 VelSet 指令执行。此速度设置与示教器端速度百分比设置相互叠加。例如，示教器端机器人运行速度百分比为 50，VelSet 设置的百分比为 50，则机器人实际运行速度为两者的叠加，即 25%。

4）AccSet：加速度设置指令

例如：AccSet 50,50；

第 1 个参数：加速度最大值百分比。

第 2 个参数：加速度坡度值。

机器人加速度默认为最大值，最大坡度值，通过 AccSet 可以减小加速度。

上述两个参数对加速度的影响可参考图 4 - 4 所示。

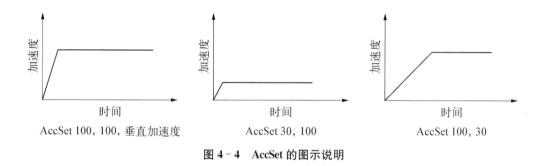

图 4 - 4　AccSet 的图示说明

5）CASE 应用的扩展

在 CASE 中，若多种条件下执行同一操作，则可合并在同一 CASE 中，如例程中：

```
TEST nCount
    CASE 0,1,2：
        rPlase；
    CASE 3,4,5：
        rPlase1；
    CASE 6,7,8：
        rPlase2；
    DEFAULT：
        MoveJ pHome,v500,z100,tGripper\WObj：=wobj0；
        Stop；
    ENDTEST
```

 **任务实施**

打开文件 XM4_CNC_OK.exe，如图 4 - 5 所示。了解机器人机床上下料工作站的组成，单击"播放"（"Play"）按钮，观看机器人工作站动作视频。

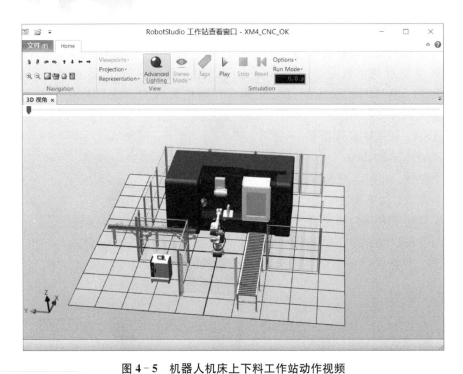

图4-5　机器人机床上下料工作站动作视频

XM4_CNC

图4-6　工作站打包文件

1. 解压工作站

双击工作站压缩包文件"XM4_CNC.rspag",如图4-6所示。根据解压向导的步骤解压该工作站。

机床上下料工作站解压完成后,如图4-7所示。

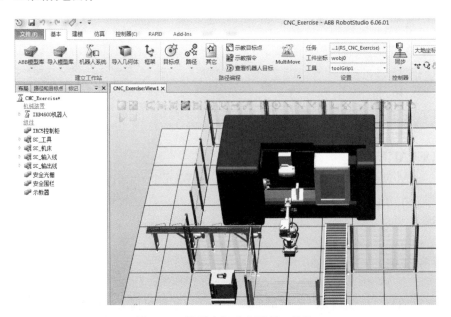

图4-7　机器人机床上下料工作站

2. 设置机器人 I/O 信号

1) DSQC652 通信板卡设置

机床上下料工作站配置的是 DSQC652 通信板卡(16 个数字输入,16 个数字输出),其总线地址为 10。在示教器中,单击"ABB 菜单"→"控制面板"→"配置"→"I/O"→"DeviceNet Device",选择 DSQC652 通信板卡,如图 4 - 8 所示。

图 4 - 8　使用模板创建 DSQC652 板卡

选择好 DSQC652 通信板卡,将 Name 修改为 Board10,如图 4 - 9 所示。

图 4 - 9　修改 Name

将 Name 修改为 Board10 后,继续修改地址,将 Address 修改为 10,如图 4 - 10 所示。
完成 DSQC652 通信板卡的参数设置后,需要重新启动控制器。

图 4 - 10　修改 Address

2）I/O信号设置

本工作站需要设置7个输入信号和6个输出信号，在虚拟示教器中，根据以下的参数配置I/O信号，如表4-1所示。

表 4 - 1　I/O信号参数

Name	Type of Signal	Device Mapping	说　　明
doGripJ1	Digital Output	0	请求机器人夹具1夹紧
doGripJ2	Digital Output	1	请求机器人夹具2夹紧
doPalletFull	Digital Output	2	放料盒已满
doStartMachine	Digital Output	3	请求CNC机床开始工作
doCloseChuck	Digital Output	4	请求CNC工装夹紧
doOpenChuck	Digital Output	5	请求CNC工装松开
diJ1Gripped	Digital Input	0	机器人夹具1已夹紧
diJ2Gripped	Digital Input	1	机器人夹具2已夹紧
diItemInpos	Digital Input	2	入料线产品到位
diPalletInpos	Digital Input	3	出料线放料盒到位
diMachineReady	Digital Input	4	允许机器人进入CNC
diChuckOpened	Digital Input	5	CNC工装已松开
diChuckClosed	Digital Input	6	CNC工装已夹紧

在示教器中单击"菜单"→"控制面板"→"配置"→"Signal"，可以设置I/O信号。当I/O信号设置好，系统会提示"重新启动控制器"，可以选择"否"，等所有的I/O信号设置完成，再重新启动控制器即可。

（1）doGripJ1：数字输出信号，机器人夹具1夹紧控制，如图4-11所示。

（2）doGripJ2：数字输出信号，机器人夹具2夹紧控制，如图4-12所示。

（3）diJ1Gripped：数字输入信号，机器人夹具1已夹紧信号，如图4-13所示。

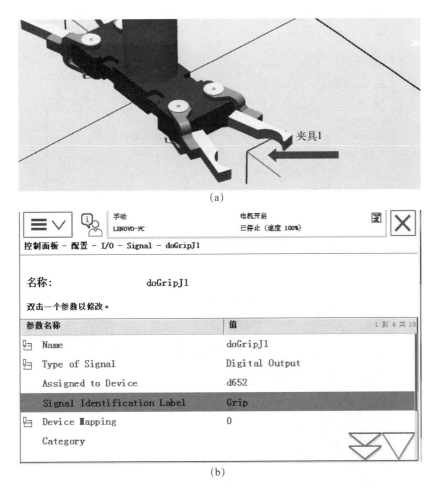

(a)

（b）

图 4‐11　夹具 1 夹紧控制信号 doGrip 设置

（a）夹具 1;（b）doGripJ1 信号参数

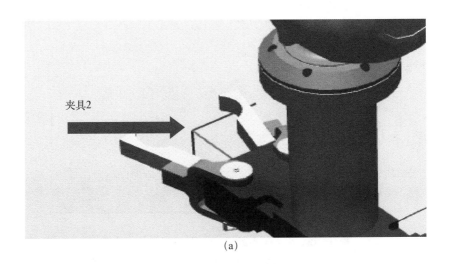

(a)

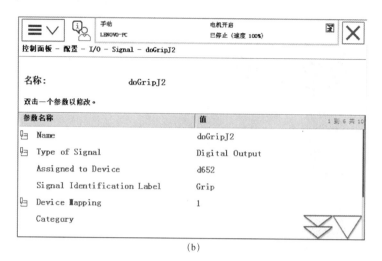

(b)

图 4－12　夹具 2 夹紧控制信号 doGripJ2 设置

（a）夹具 2；（b）doGripJ2 信号参数

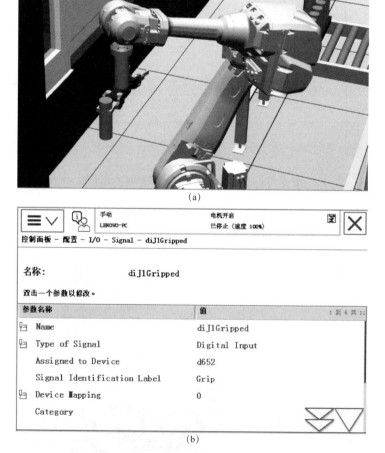

(a)

(b)

图 4－13　夹具 1 夹紧检测信号 diJ1Gripped 设置

（a）夹具 1 夹紧状态；（b）diJ1Gripped 信号参数

（4）diJ2Gripped：数字输入信号，机器人夹具 2 已夹紧，如图 4 - 14 所示。

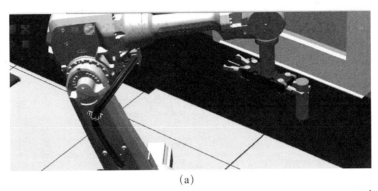

(a)

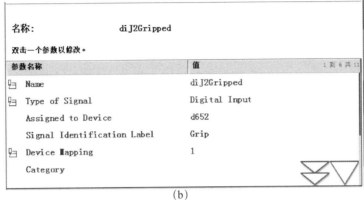

名称：	diJ2Gripped	
双击一个参数以修改。		
参数名称	**值**	1 到 6 共 11
Name	diJ2Gripped	
Type of Signal	Digital Input	
Assigned to Device	d652	
Signal Identification Label	Grip	
Device Mapping	1	
Category		

(b)

图 4 - 14　夹具 2 夹紧检测信号 diJ2Gripped 设置

(a) 夹具 2 夹紧状态；(b) diJ2Gripped 信号参数

（5）diItemInpos：数字输入信号，入料线产品到位信号，只有当此信号为 1 时，才可允许机器人拾取工件的动作。如图 4 - 15 所示。

（6）diPalletInpos：数字输入信号，出料线放料盒到位信号，只有当此信号为 0 时，才可允许机器人在此工位上执行放置下一个产品的动作，如图 4 - 16 所示。

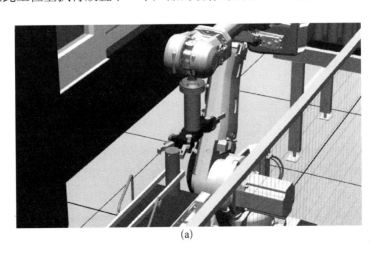

(a)

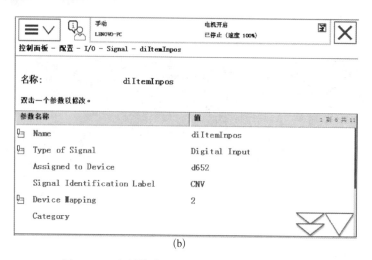

(b)

图 4-15　入料线产品到位信号 diItemInpos 设置

（a）入料线产品到位；（b）diItemInpos 信号参数

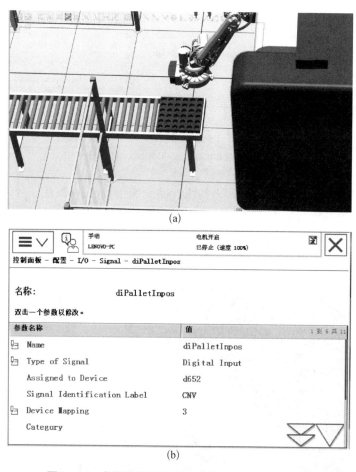

(a)

(b)

图 4-16　出料线放料盒到位信号 diPalletInpos 设置

（a）出料线放料盒到位；（b）diPalletInpos 信号参数

（7）doPalletFull：数字输出信号，放料盒已满信号，如图 4 - 17 所示。

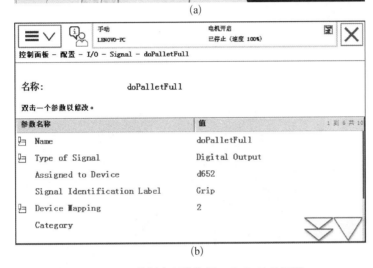

（a）

（b）

图 4 - 17 放料盒已满信号 doPalletFull 设置

（a）放料盒满状态；（b）doPalletFull 信号参数

（8）doStartMachine：数字输出信号，机器人安装工件完成，移至机床外，请求 CNC 开始工作，如图 4 - 18 所示。

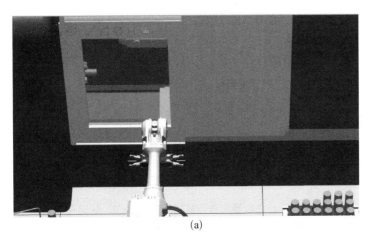

（a）

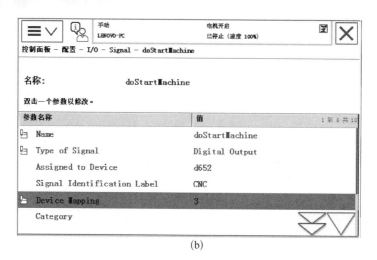

(b)

图 4-18 请求 CNC 开始工作 doStartMachine 信号设置

(a) 机器人请求 CNC 工作;(b) doStartMachine 信号参数

(9) diMachineReady:数字输入信号,允许机器人进入 CNC,如图 4-19 所示。

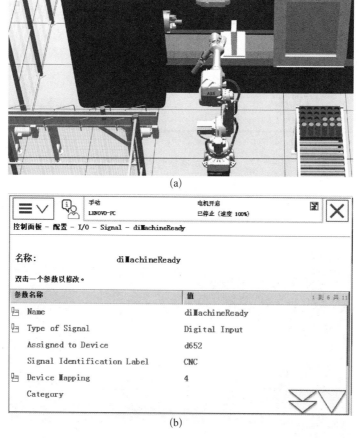

(a)

(b)

图 4-19 允许机器人进入机床 diMachineReady 信号设置

(a) 允许机器人进入机床内;(b) diMachineReady 信号设置

（10）doCloseChuck：数字输出信号，请求 CNC 工装夹紧，如图 4-20 所示。

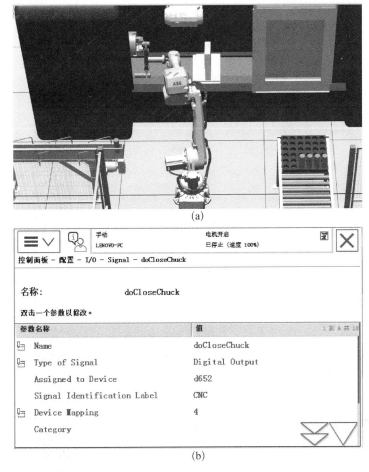

(a)

图 4-20　请求 CNC 工装夹紧 doCloseChuck 信号设置

(a) 请求 CNC 工装夹紧；(b) doCloseChuck 信号设置

（11）doOpenChuck：数字输出信号，请求 CNC 工装松开，如图 4-21 所示。

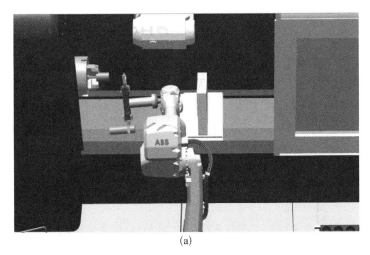

(a)

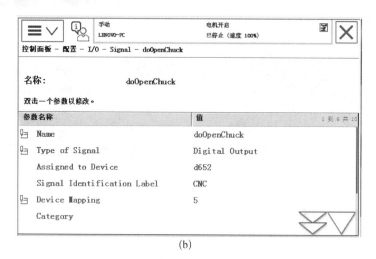

(b)

图 4 - 21 请求 CNC 工装松开 doOpenChuck 信号设置

(a) 请求 CNC 工装松开；(b) doOpenChuck 参数设置

（12）diChuckOpened：数字输入信号，CNC 工装已松开，如图 4 - 22 所示。

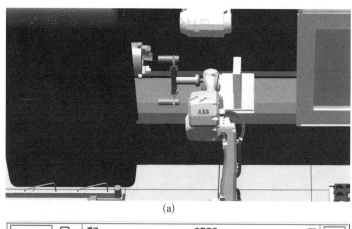

(a)

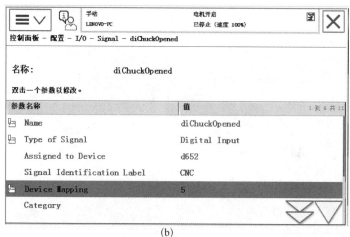

(b)

图 4 - 22 工装松开状态 diChuckOpened 信号设置

（a）工装松开状态；(b) diChuckOpened 参数设置

（13）diChuckClosed：数字输入信号，CNC工装已夹紧，如图4-23所示。

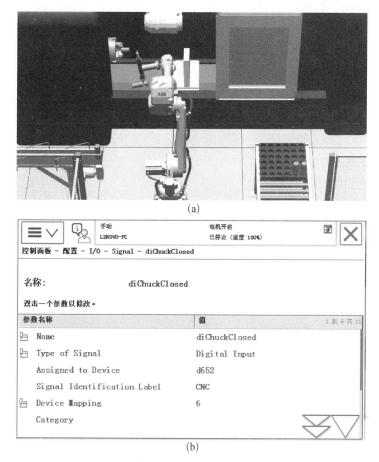

（a）

（b）

图4-23　工装夹紧状态diChuckClosed信号设置

（a）工装夹紧状态；（b）diChuckClosed参数设置

I/O信号设置完成后，按照提示，重新启动控制器。

3. 工具坐标系及载荷数据

本工作站中工具坐标系和有效载荷数据已经创建，请正确设置坐标数据和载荷数据。

1）工具坐标系

如图4-24所示，是分别在2个夹爪上创建的工具数据toolGrip1、toolGrip2。TCP一般设定在靠近夹爪中心的位置，方向与夹爪表面平行或垂直，工具重量和重心位置应设定准确。

单击示教器菜单中的"程序数据"，双击"tooldata"，就可以查看机器人的工具坐标了。

toolGrip1工具坐标系：沿着默认工具坐标

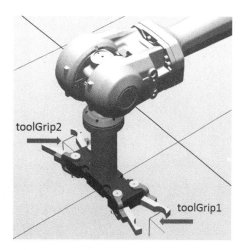

图4-24　夹爪工具数据

系 tool0 的 Y 轴正方向偏移 222 mm 和 Z 轴正方向偏移 250 mm。toolGrip1 本身负载 1 kg,重心沿着 tool0 的 Z 轴正方向偏移 100 mm。为 toolGrip1 设置以上正确数据,如图 4-25 所示。

图 4-25　toolGrip1 工具坐标系

toolGrip2 工具坐标系:沿着默认工具坐标系 tool0 的 Y 轴正方向偏移 −222 mm 和 Z 轴正方向偏移 250 mm。toolGrip2 本身负载 1 kg,重心沿着 tool0 的 Z 轴正方向偏移 100 mm。为 toolGrip2 设置以上正确数据,如图 4-26 所示。

在真实应用中,工具本身负载可以通过机器人系统的自动测算载荷的系统例行程序 LoadIdentify 进行测算。

2）设置有效载荷数据

如图 4-27 所示是机器人三个载荷数据:load1、load2、loadBoth。真实应用中,还可以用 ABB 机器人自动测算载荷数据的方式创建好 3 个载荷数据:load1、load2、loadBoth。

在示教器菜单中,单击"程序数据",选中"loaddata"并双击,进行 load1、load2、loadBoth 参数设置,其中 load1 参数如图 4-28 所示,load2 参数如图 4-29 所示,loadBoth 参数如图 4-30 所示。3 个载荷数据设置完成后,如图 4-31 所示。

图 4-26 toolGrip2 工具坐标系

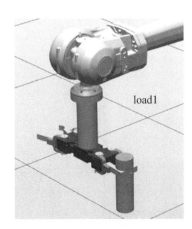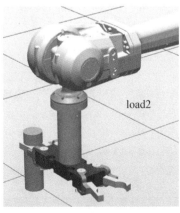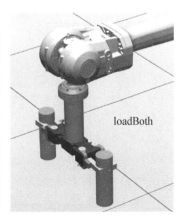

图 4-27 有效载荷数据

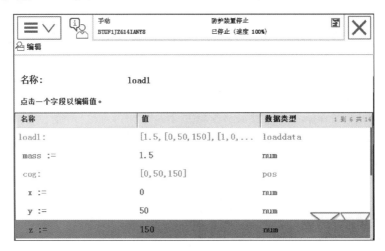

图 4 – 28　load1 参数设置

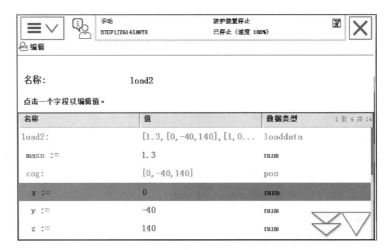

图 4 – 29　load2 参数设置

图 4 – 30　loadBoth 参数设置

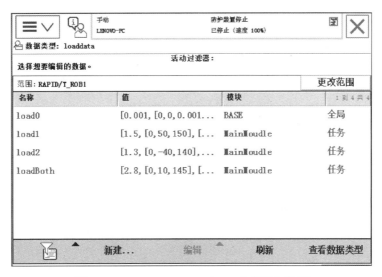

图 4 - 31　load1、load2、loadBoth 有效载荷数据

4.示教目标点

通常在完成坐标系标定后,须设置示教目标点。在机床上下料工作站中已经设置好五个示教目标点,分别是:pWaitPos、pPickJ1、pInsertJ1、pPulloutJ2、pPlaceBase。

1) pWaitPos 位置

机器人工作等待位置(机器人工作原位点),示教时使用工具 toolGrip1,工件坐标 wobj0,如图 4 - 32 所示。

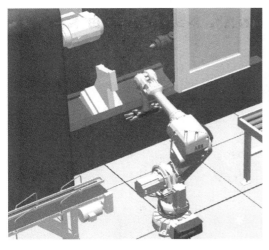

图 4 - 32　机器人工作原位位置

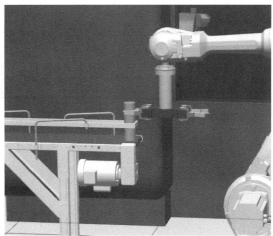

图 4 - 33　机器人夹取工件位置

2) pPickJ1 位置

机器人夹取工件 J1 的目标位置位于左侧输送链末端。示教时使用工具 toolGrip1,工件坐标 wobj0,如图 4 - 33 所示。机器人移动到 pPickJ1 位置,将工件夹紧,并等待安装到 CNC 机床上。

3）pInsertJ1 位置

机器人嵌入工件 J1 的目标位置位于 CNC 机床内。示教时使用工具 toolGrip1，工件坐标 wobj0，如图 4-34 所示。机器人移动到 CNC 机床内，将工件 J1 嵌入。

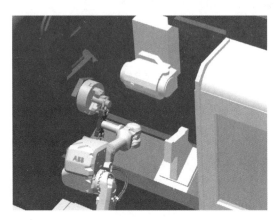

图 4-34　机器人嵌入工件 J1 位置

4）pPulloutJ2 位置

机器人拔出工件 J2 的目标位置位于 CNC 机床内。示教时使用工具 toolGrip2，工件坐标 wobj0，如图 4-35 所示。机器人将工件 J2 拔出，放置到右侧输送链的料盒内。

5）pPlaceBase 位置

工件 J2 的放置位置位于右侧输送链上的料盒。示教时使用工具 toolGrip2，工件坐标 wobj0，如图 4-36 所示。机器人将工件 J2 拔出，放置到右侧输送链上的料盒内。

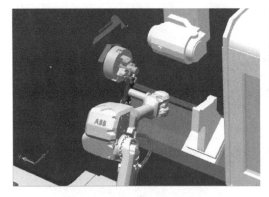

图 4-35　机器人拔出工件 J2 位置

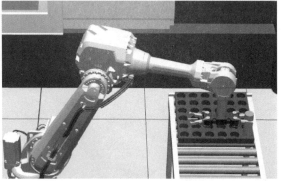

图 4-36　工件 J2 放置位置

5. 程序编写与调试

1）工艺要求

（1）在进行上下料搬运时，工具应保持竖直。

（2）机器人运行轨迹应平缓流畅，放置工件应平缓准确。

2）控制流程图

为了方便读者编写程序，可以参考机床上下料工作站的程序流程图，如图 4-37 所示。

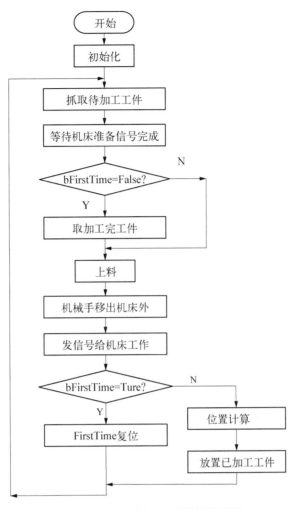

图 4-37　上下料工作站控制流程图

3）建立例行程序

整个程序模块主要由主程序 main、初始化例行程序 rInitAll、抓取例行程序 rzhuaqu_dgj、取加工完成工件例行程序 rProcessoutfeeder、上料例行程序 rProcessinfeeder、放置已加工工件例行程序 rfangzhi_gj 和位置计算例行程序 rPlacePos 组成。

（1）主程序 main：控制整个上下料流程，参考程序如下所示。

```
PROC Main()
    rInitAll；
    WHILE TRUE DO
        rzhuaqu_dgj；
        WaitDI diMachineReady，1；
        IF bFirstTime = FALSE THEN
            rProcessOutfeeder；
        ENDIF
```

```
                    rProcessInfeeder;
                    MoveJ pWaitPos，v4000，z5，toolGrip1\WObj：＝wobj0；
                    PulseDO doStartMachine；
                    IF bFirstTime ＝ TRUE THEN
                        bFirstTime＝FALSE；
                    ELSE
                        rPlacePos；
                        rfangzhi_gj；
                    ENDIF
                ENDWHILE
            ENDPROC
```

（2）初始化例行程序 rInitAll：完成设备回原点、信号及程序数据复位，参考程序如下所示。

```
PROC rInitAll()
    MoveJ pWaitPos,v3000,z50,toolGrip1\WObj：＝wobj0；
    Reset doGripJ1；
    Reset doGripJ2；
    Reset doCloseChuck；
    Reset doOpenChuck；
    Reset doStartMachine；
    Reset doPalletFull；
    WaitDI diJ1Gripped,0；
    WaitDI diJ2Gripped,0；
    WaitDI diMachineReady,1；
    waittime 1；
    Set doOpenChuck；
    WaitDI diChuckOpened,1；
    bFirstTime＝TRUE；
    nCounter＝1；
ENDPROC
```

（3）抓取例行程序 rzhuaqu_dgj：完成入料线产品到位后抓取待加工工件，参考程序如下所示。

```
PROC rzhuaqu_dgj（）
    MoveJ Offs(pPickJ1,0,0,200),v4000,z50,toolGrip1\WObj：＝wobj0；
    WaitDI diItemInpos,1；
    MoveL pPickJ1,v500,fine,toolGrip1\WObj：＝wobj0；
    Set doGripJ1；
    WaitDI diJ1Gripped,1；
    MoveL Offs(pPickJ1,0,0,200),v1000,z50,toolGrip1\WObj：＝wobj0；
```

```
        MoveJ pWaitPos,v4000,z50,toolGrip1\WObj：=wobj0;
    ENDPROC
```

（4）取加工完成工件例行程序 rProcessoutfeeder：夹具 2 将已加工工件取出，参考程序如下所示。

```
    PROC rProcessoutfeeder()
        MoveJ Offs(pPulloutJ2,0,−200,0),v2000,z50,toolGrip2\WObj：=wobj0;
        MoveL pPulloutJ2,v500,fine,toolGrip2\WObj：=wobj0;
        Set doGripJ2;
        WaitDI diJ2Gripped,1;
        Reset doCloseChuck;
        Set doOpenChuck;
        WaitDI diChuckOpened,1;
        MoveL Offs(pPulloutJ2,0,−200,0),v500,z50,toolGrip2\WObj：=wobj0;
    ENDPROC
```

（5）上料例行程序 rProcessinfeeder：夹具 1 将待加工工件安装到机床上，参考程序如下所示。

```
    PROC rProcessinfeeder()
        MoveJ Offs(pInsertJ1,0,−200,0),v2000,z50,toolGrip1\WObj：=wobj0;
        MoveL pInsertJ1,v500,fine,toolGrip1\WObj：=wobj0;
        Reset doOpenChuck;
        Set doCloseChuck;
        WaitDI diChuckClosed,1;
        Reset doGripJ1;
        Waittime 0.2;
        MoveL Offs(pInsertJ1,0,−200,0),v500,z50,toolGrip1\WObj：=wobj0;
    ENDPROC
```

（6）放置已加工工件例行程序 rfangzhi_gj：将已加工的工件按顺序放置到出料线放料盒中，参考程序如下所示。

```
    PROC rfangzhi_gj（）
        WaitDI diPalletInpos,1;
        MoveJ Offs(pPlaceJ2,0,0,200),v4000,z50,toolGrip2\WObj：=wobj0;
        MoveL pPlaceJ2,v500,fine,toolGrip2\WObj：=wobj0;
        Reset doGripJ2;
        Waittime 0.2;
        MoveL Offs(pPlaceJ2,0,0,200),v1000,z50,toolGrip2\WObj：=wobj0;
        MoveJ pWaitPos,v4000,z50,toolGrip1\WObj：=wobj0;
        nCounter：=nCounter+1;
        IF nCounter>36 THEN
```

```
            PulseDO doPalletFull;
            WaitDI diPalletInpos,0;
            nCounter：=1;
        ENDIF
    ENDPROC
```

（7）位置计算例行程序 rPlacePos：完成放置位置的计算，参考程序如下所示。

```
PROC rPlacePos()
    VAR num row;
    VAR num column;
    row：=(nCounter-1) DIV 6;
    column：=(nCounter-1) MOD 6;
    pPlaceJ2：=Offs(pPlaceBase,100 * row,100 * column,0);
ENDPROC
```

4）项目完整程序

```
MODULE MainMoudle
    PERS robtarget pPickJ1：=[[-0.060384479,927.129757415,1030.000038085],[0,0,
1,0.000000187],[1,-1,1,0],[9E+09,9E+09,9E+09,9E+09,9E+09,9E+09]];
    PERS robtarget pInsertJ1：=[[1664.999727067,650.001227349,1235.004797658],
[0.183011502,-0.183011438,-0.683012197,-0.683013867],[0,1,0,0],[9E+09,9E+
09,9E+09,9E+09,9E+09,9E+09]];
    PERS robtarget pPulloutJ2：=[[1664.994845677,650.001227346,1235.007615823],
[0.683016191,-0.68301452,0.183002768,0.183002832],[0,1,-2,0],[9E+09,9E+09,
9E+09,9E+09,9E+09,9E+09]];
    PERS robtarget pPlaceJ2：=[[-268,-1758,1000],[1.39E-07,4.77E-07,1,-6.
15E-07],[-1,-1,-1,0],[9E+09,9E+09,9E+09,9E+09,9E+09,9E+09]];
    PERS robtarget pPlaceBase：=[[-268,-1758,1000],[0.000000139,0.000000477,1,
-0.000000615],[-1,-1,-1,0],[9E+09,9E+09,9E+09,9E+09,9E+09,9E+09]];
    PERS robtarget pWaitPos：=[[471.920647517,222,1222.290985553],[0.000000172,
0,1,0],[-1,0,-1,0],[9E+09,9E+09,9E+09,9E+09,9E+09,9E+09]];
    PERS num nCounter：=1;
    VAR bool bFirstTime：=FALSE;
    TASK PERS tooldata toolGrip1：=[TRUE,[[0,222,250],[1,0,0,0]],[1,[0,0,
100],[1,0,0,0],0,0,0]];
    TASK PERS tooldata toolGrip2：=[TRUE,[[0,-222,250],[1,0,0,0]],[1,[0,0,
100],[1,0,0,0],0,0,0]];
    TASK PERS loaddata load1：=[1.5,[0,50,150],[1,0,0,0],0,0,0];
    TASK PERS loaddata load2：=[1.3,[0,-40,140],[1,0,0,0],0,0,0];
    TASK PERS loaddata loadBoth：=[1.8,[0,10,145],[1,0,0,0],0,0,0];
```

```
    PERS robtarget pPulloutJ12: =[[471.92,0.00,1472.29],[3.67569E-08,0,-1,0],
[0,0,0,0],[9E+09,9E+09,9E+09,9E+09,9E+09,9E+09]];
    PERS robtarget pInsertJ11: =[[471.92,0.00,1472.29],[3.67569E-08,0,-1,0],[0,
0,0,0],[9E+09,9E+09,9E+09,9E+09,9E+09,9E+09]];
    PERS robtarget pPulloutJ22: =[[471.92,0.00,1472.29],[3.67569E-08,0,-1,0],
[0,0,0,0],[9E+09,9E+09,9E+09,9E+09,9E+09,9E+09]];
    PERS robtarget pPickJ11: =[[471.92,0.00,1472.29],[3.67569E-08,0,-1,0],[0,
0,0,0],[9E+09,9E+09,9E+09,9E+09,9E+09,9E+09]];
    PERS robtarget pPlaceJ12: =[[471.92,0.00,1472.29],[3.67569E-08,0,-1,0],[0,
0,0,0],[9E+09,9E+09,9E+09,9E+09,9E+09,9E+09]];
    PROC Main()
        rInitAll;
        WHILE TRUE DO
            rzhuaqu_dgj;
            WaitDI diMachineReady, 1;
            IF bFirstTime = FALSE THEN
                rProcessOutfeeder;
            ENDIF
            rProcessInfeeder;
            MoveJ pWaitPos, v4000, z5, toolGrip1\WObj: =wobj0;
            PulseDO doStartMachine;
            IF bFirstTime = TRUE THEN
                bFirstTime=FALSE;
            ELSE
                rPlacePos;
                rfangzhi_gj;
            ENDIF
        ENDWHILE
    ENDPROC
    PROC rInitAll()
        MoveJ pWaitPos, v3000, z50, toolGrip1\WObj: =wobj0;
        Reset doGripJ1;
        Reset doGripJ2;
        Reset doCloseChuck;
        Reset doOpenChuck;
        Reset doStartMachine;
        Reset doPalletFull;
        WaitDI diJ1Gripped, 0;
```

```
        WaitDI diJ2Gripped，0；
        WaitDI diMachineReady，1；
        WaitTime 1；
        Set doOpenChuck；
        WaitDI diChuckOpened，1；
        bFirstTime = TRUE；
        nCounter = 1；
    ENDPROC
    PROC rzhuaqu_dgj()
        MoveJ Offs(pPickJ1,0,0,200)，v4000，z50，toolGrip1\WObj：=wobj0；
        WaitDI diItemInpos，1；
        MoveL pPickJ1，v5000，fine，toolGrip1\WObj：=wobj0；
        Set doGripJ1；
        WaitDI diJ1Gripped，1；
        MoveL Offs(pPickJ1,0,0,200)，v1000，z50，toolGrip1\WObj：=wobj0；
        MoveJ pWaitPos，v4000，z50，toolGrip1\WObj：=wobj0；
    ENDPROC
    PROC rProcessInfeeder()
        MoveJ Offs(pInsertJ1,0,−200,0)，v2000，z50，toolGrip1\WObj：=wobj0；
        MoveL pInsertJ1，v500，fine，toolGrip1\WObj：=wobj0；
        Reset doOpenChuck；
        Set doCloseChuck；
        WaitDI diChuckClosed，1；
        Reset doGripJ1；
        WaitTime 0.2；
        MoveL Offs(pInsertJ1,0,−200,0)，v500，z50，toolGrip1\WObj：=wobj0；
    ENDPROC
    PROC rProcessOutfeeder()
        MoveJ Offs(pPulloutJ2,0,−200,0)，v2000，z50，toolGrip2\WObj：=wobj0；
        MoveL pPulloutJ2，v500，fine，toolGrip2\WObj：=wobj0；
        Set doGripJ2；
        WaitDI diJ2Gripped，1；
        Reset doCloseChuck；
        Set doOpenChuck；
        WaitDI diChuckOpened，1；
        MoveL Offs(pPulloutJ2,0,−200,0)，v500，z50，toolGrip2\WObj：=wobj0；
    ENDPROC
    PROC rPlacePos()
```

```
        VAR num row;
        VAR num column;
        row：=(nCounter-1) DIV 6;
        column：=(nCounter-1) MOD 6;
        pPlaceJ2：=Offs(pPlaceBase,100 * row,100 * column,0);
    ENDPROC
    PROC rfangzhi_gj()
        WaitDI diPalletInpos，1;
        MoveJ Offs(pPlaceJ2,0,0,200)，v4000，z50，toolGrip2\WObj：=wobj0;
        MoveL pPlaceJ2，v500，fine，toolGrip2\WObj：=wobj0;
        Reset doGripJ2;
        WaitTime 0.2;
        MoveL Offs(pPlaceJ2,0,0,200)，v1000，z50，toolGrip2\WObj：=wobj0;
        MoveJ pWaitPos，v4000，z50，toolGrip1\WObj：=wobj0;
        nCounter：= nCounter + 1;
        IF nCounter > 36 THEN
            PulseDO doPalletFull;
            WaitDI diPalletInpos，0;
            nCounter：= 1;
        ENDIF
    ENDPROC
ENDMODULE
```

6. 仿真运行

当机床上下料工作站创建完成后，请保存工作站，后面即可进行工作站的仿真操作：在图 4-38 中，单击"仿真"菜单中的"播放"，即可查看机床上下料工作站的运行情况。若想停止工作站运行，则单击"仿真"菜单中的"停止"，机器人工作站即可停止运行。

图 4-38 机器人工作站仿真运行

 项目小结

通过机床上下料工作站的创建，继续巩固之前学习的运动指令，依次完成机床上下料工作站中 DSQC652 通信板卡和 I/O 信号的配置、有效载荷的设置，能够根据已给定的目标点示教，编写机床上下料的工作流程，进行程序编写以及仿真调试。

项目五
机器人涂胶工作站应用

 任务目标

（1）了解机器人涂胶工作站组成。

（2）掌握基本涂胶指令的应用。

（3）了解涂胶工作包。

（4）掌握涂胶任务机器人的程序编写与调试。

 机器人涂胶工作站

  涂胶机器人是可以进行自动涂胶的自动化设备，如图5-1所示，适用于各种人工不能胜任或使用人力不安全、不经济的场合。机器人代替人工进行涂胶，不仅可以从事工作量更大工作，而且可以做到做工更精细，质量更好。

图5-1　机器人涂胶应用设备

机器人自动涂胶设备主要包含机器人、对中台、固定式涂胶枪、供胶泵、输送系统、控制系统、检测装置、清胶装置等。

以风挡涂胶工作站为例,介绍机器人涂胶工作站,如图5-2所示。该工作站中涂胶胶枪是固定的,机器人抓取风挡玻璃到胶枪处进行涂胶。

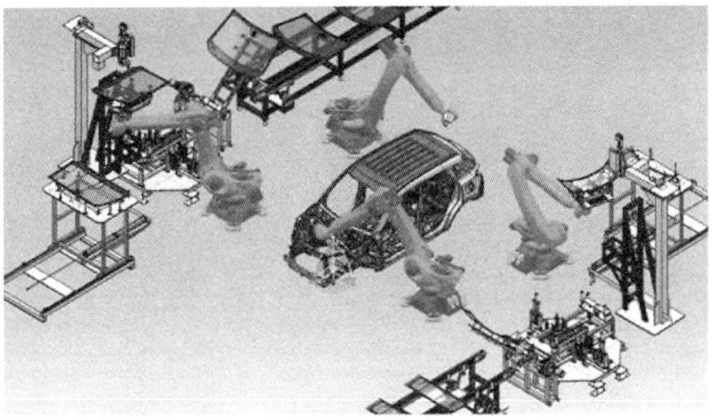

1. 工作站组成

风挡玻璃涂胶工作站主要由机器人、机器人抓具、玻璃输送对中装置、胶泵系统、固定胶枪装置等组成。

图5-2 风挡涂胶工作站

1)机器人的选择

因风挡玻璃重量约 25 kg,抓具重量约 40 kg,此外加上线缆等负载,总负载需求在 80 kg;机器人布置在线边,需要在涂胶枪处涂胶,也需要进行玻璃的安装。因此选择机器人时需要综合考虑负载、臂展等方面的要求。

2)机器人抓具

机器人抓具如图5-3所示,含真空吸盘,主要用于吸住玻璃,并安装仿形的支撑块,抓具与机器人连接处安装力传感器,防止安装玻璃时过压而压碎玻璃。另外某些抓具还带有整形工装,在安装玻璃后可进行加压整形。

图5-3 机器人抓具

图5-4 玻璃输送对中装置

3)玻璃输送对中装置

底胶涂抹完成后,输送线通过翻转机构自动将底胶涂抹完毕的玻璃翻转并输送至热风烘干位置处(玻璃凸面向上),热风烘干范围能够满足玻璃边缘所有底胶涂抹的位置,自下向上对玻璃进行烘干处理。因需要晾干2~5分钟,对于高节拍生产线,一般情况下玻璃输送线上须设置几个缓存工位。

玻璃输送到机器人抓取工位后,对中台对玻璃进行对中定位,整个流程中的对中定位精度要求为±0.15 mm。对中装置由 6 个聚氨酯滚轮组成,可防止碰伤玻璃,如图5-4所示。

4)胶泵系统

图5-5为美国 GTACO 胶泵,图5-6为 HyPRO 定量控制器。其工作原理为:胶泵加

图 5-5 单胶泵

图 5-6 定量控制器

热胶并提供压力,定量控制器通过与机器人通信来实现胶泵和胶枪自动开关和流量控制。

　　玻璃涂胶常采用双组分固定式供胶设备,玻璃胶与催化剂的配比为 50:1,玻璃胶涂抹后的胶型截面为底边 10 mm、高 12 mm 的等腰三角形,要求胶型控制精度为 0～+1 mm。同时要求胶形的底边和高度尺寸可人工设定,以适应由于产品变更所导致的变化。

　　供胶设备采用双桶自动切换的结构形式,即玻璃胶和催化剂的泵机均使用两桶容器,如图 5-7 所示。当第一桶使用完毕后,泵机自动切换使用第二桶。在胶桶容器内设定下限容

图 5-7 双泵切换涂胶系统

量,提前报警。同时,当泵机自动切换胶桶使用后,须有信号灯提示操作人员进行胶桶更换。人工进行胶桶更换的作业位置在机器人的动作轨迹之外,且须满足安全、便利的要求。泵机配备自动和手动排胶口,以便在更换胶桶时排除空气,避免空气进入胶管,造成涂胶过程不连续。

胶泵系统具备定量参数设定功能,出胶流量可人工设定,以适应生产节拍的变化;流量控制精度为±1%,以避免涂胶量受胶料温度、黏度和流动性变化的影响,保证涂胶胶形稳定。当涂胶胶形不满足设定要求时,报警装置须即时响应,同时胶泵系统须将涂胶不合格的玻璃自动放置在废品输送小车上,通过人工运走。

胶泵系统具备温控器参数人工设定功能,设定范围为45～90℃,采用电加热,温度控制精度为±1℃,对短路、断路、实际温度、供电电源和保险丝进行自动监控,当出现异常时,报警装置须即时响应。胶泵系统具备单/双组分供胶切换功能,可通过开关阀,实现催化剂泵机系统的关闭与开启,以实现单双组分胶料的切换,满足日后产品新增或变更的需求。胶泵系统具备实时显示涂胶流量、涂胶压力、加热温度以及胶桶剩余容量等信息。

加热胶管采用特弗龙(PTFE)内管,内置加热电阻和温度传感器,带绝缘保护层和绝热层标准接口,便于拆装,抗压350 Pa以上,如果胶管破裂,泵机应自行停止运行并提供警报。胶泵系统使用的胶枪、管路以及其相关附件须具备单/双组分玻璃胶通用的功能。且胶泵系统须具备自动清胶功能,用于胶枪枪口自动清理,在停止工作状态下,胶枪不得出现胶料固化而造成堵枪的现象。

5) 固定胶枪装置

固定胶枪如图5-8所示,采用机器人外轴电机驱动,玻璃涂胶转弯处,外轴与机器人联动,能保证涂胶轨迹与胶型。胶嘴设计成仿形样式,固定胶枪处设置胶型视觉检测系统,在涂胶时检测胶型及断胶,但目前这一功能尚不太理想,原因是线激光对锐角轮廓的捕捉这一技术本身有缺陷,而目前推出的白光测量系统或能完美解决这个难题,但也存在成本过高的问题。

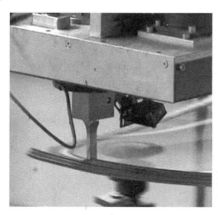

图 5-8　固定胶枪装置

2. 涂胶工艺

1) 涂胶工艺分析

(1) 机器人涂胶是用特制胶枪,借助干燥压缩空气将胶液喷涂到粘结表面上,这样可以做到胶层均匀,同时效率也高,适宜大面积粘结和大规模生产。

（2）涂胶前先检查胶枪功能是否完好，如有积水应事先排除。

（3）涂胶时必须将材质的表面清洁干净，不得有油脂、灰尘或其他杂物。

（4）将喷嘴对着材质表面均匀喷涂。

（5）喷嘴应与材质表面垂直。

（6）按照具体喷涂要求，喷嘴距材质表面应保证合适的距离。

（7）胶枪气压应调到正常要求。

（8）涂胶以胶水层均匀覆盖材质为佳，胶层不宜太厚。

（9）涂胶时，喷枪应均匀平稳移动，应做到不积胶、不缺胶。

（10）胶枪不用时，应清洗干净。

2）涂胶过程中的注意事项

（1）在机器人进行涂胶过程中要使胶枪始终垂直于玻璃平面，以使机器人的涂胶比较均匀。由于玻璃平面本身的弧度不同，因此在机器人运行过程中要不断调整机器人的姿态。

（2）轨迹编程时，由于玻璃边角不是标准的直角，因此没办法采用 MoveL 设计机器人轨迹。

（3）在本应用中要保证胶枪喷胶的速度稳定，防止造成出胶不均匀的情况。

任务描述

本项目对汽车风挡玻璃工作站进行了简化，工作站布局如图 5 - 9 所示，包括：ABB IRB4600 工业机器人、机器人控制柜及示教器、机器人底座、安全防护围栏、涂胶夹具体以及涂胶设备，机器人搭载胶枪完成风挡玻璃的涂胶工作。

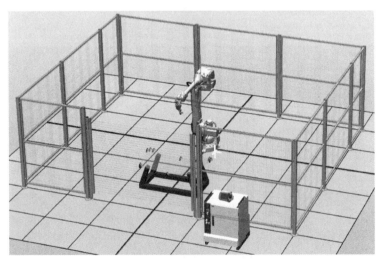

图 5 - 9　涂胶工作站布局

本工作站案例采用的解压包中已预设了涂胶路径 Path20，读者在此基础上进行 I/O 配置、程序数据创建、目标点示教、程序编写及调试等相关工作，最终完成整个涂胶程序的调试。

知识准备

1）Clock：计时指令的应用

在机器人运动过程中，经常需要利用计时功能来计算当前机器人的运行节拍，并通过写屏指令显示相关信息。

时钟数据"Clock"必须定义为变量类型，最小计时单位为 1 ms。

ClkStart：开始计时；

ClkStop：停止计时；

ClkReset：时钟复位；

ClkRead：读取时钟数值；

下列 rMove 程序的作用为：机器人到达 p1 点后开始计时，到达 p2 点后停止计时，之后利用 ClkRead 读取当前时钟数值，并将其赋值给数值型变量 CycleTime，则当前 CycleTime 的值即为机器人从 p1 点到 p2 点的运动时间。

VAR clock clock1;	! 定义时钟数据 clock1
VAR num CycleTime;	! 定义数字型数据 CycleTime，用于存储时间数值
PROC rMove()	! 例行程序
MoveL p1,v100,fine,tool0;	! 机器人运动指令
ClkReset clock1;	! 时钟复位
ClkStart clock1;	! 开始计时
MoveL p2,v100,fine,tool0;	! 机器人运动指令
ClkStop clock1;	! 停止计时
CycleTime：=ClkRead(clock1);	! 读取时钟当前数值，并赋值给 CycleTime
TPErase	! 清屏
TPWrite"The Last CycleTime is" \Num：=CycleTime;	! 写屏，在示教其屏幕上显示节拍信息，假设当前数值 CycleTime 为 10，则示教器屏幕上最终显示信息为"The Last CycleTime is 10"

ENDPROC

2）TriggL：动作触发指令的应用

在线性运动过程中，经在指定位置准确地触发事件，如置位输出信号、激活中断等。可以定义多种类型的触发事件，如 TriggI/O（触发信号）、TriggEquip（触发装置动作）、TriggInt（触发中断）等。

TriggI/O 用于定义有关设置机械臂移动路径沿线固定位置处的数字、数字组或模拟信号输出信号的条件和行动。

如果停止点附近的 I/O 设置需要较高精度，则应始终使用 TriggI/O（而非 TriggEquip）。

为获得固定位置 I/O 事件，TriggI/O 补偿控制系统中的滞后（机械臂与伺服之间的滞后），而非外部设备中的滞后。为补偿上述两种滞后，应使用 TriggEquip。

下面以触发如图 5-10 所示的装置动作类型为例说明,程序如下:

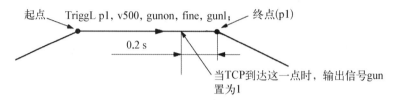

图 5-10 TriggI/O 动作

VAR triggdata gunon;   ! 定义触发数据 gunon

TriggI/O gunon,0.2\Time\DOp:=gun,1;

   ! 定义触发事件 gunon,在距离指定目标点前 0.2 秒触发指定事件:将 gun 信号设置为 1

TriggL p1,v500,gunon,fine,gun1;

   ! 执行 TriggL,调用触发事件 gunon,即机器人 TCP 往 p1 运动过程中,位于点 p1 前 0.2 秒时,将数字信号输出信号 gun 设置为值 1

3)TPWrite:常用写屏指令

通过写屏指令 TPWrite 实现将当前机器人运行状态输出到示教器界面。

例如:TPErase;

  TPWrite "The Robot is running!";

  TPWrite "The Last CycleTime is:"\num:=nCycleTime;

假设上一次循环时间 nCycleTime 为 5 s,则示教器上面显示内容为:

  The Robot is running!

  The Last CycleTime is:5s

4)DispL/DispC 涂胶指令

涂胶指令有 DispL 和 DispC,其中 DispL 为走直线,DispC 为走圆弧。DispL\on 和 DispC\on 为直线涂胶开始和圆弧涂胶开始。DispL\off 和 DispC\off 为直线涂胶结束和圆弧涂胶结束。涂胶指令中包含有涂胶参数 Beaddata。

图 5-11 中 bead2 为涂胶参数,tgun1 为工具坐标,涂胶程序如下:

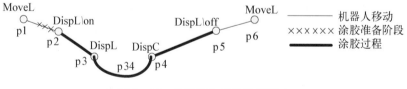

图 5-11 涂胶指令工作示意图 1

MoveL p1,v1000,fine,tgun1;   ! 直线移动到 p1

DispL\on p2,v1000,bead2,fine,tgun1;! 直线移动到涂胶开始点 p2,做好涂胶准备

DispL p3,v1000,bead2,fine,tgun1; ! 直线涂胶至 p3

DispC p34,p4,v1000,bead2,fine,tgun1; ! 圆弧涂胶 p34 至 p4

DispL\off p5，v1000，bead2，fine，tgun1；　！直线涂胶至 p5，并结束

MoveL p6，v1000，fine，tgun1；　！直线移动至 p6

如图 5－12 所示，涂胶段是圆弧结束的，程序如下：

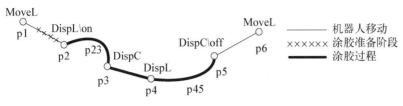

图 5－12　涂胶指令工作示意图 2

MoveL p1，v1000，fine，tgun1；　　　　　　！直线移动到 p1

DispL\on p2，v1000，bead2，fine，tgun1；！直线移动到涂胶开始点 p2，做好涂胶准备

DispC p23，p3，v1000，bead2，fine，tgun1；　！圆弧涂胶 p23 至 p3

DispL p4，v1000，bead2，fine，tgun1；　！直线涂胶至 p4

DispC\off p45，p5，v1000，bead2，fine，tgun1；　！圆弧涂胶 p45 至 p5，并结束

MoveL p6，v1000，fine，tgun1；　！直线移动至 p6

5）CallByVar(Call By Variable)应用的扩展

在 CallByVar 中，是通过不同的变量调用不同的例行程序，指令格式如下：

CallByVar Name，Number

Name：例行程序名称的第一部分，数据类型 string

Number：例行程序名称第二部分，数据类型 num

实例：

reg1：＝2；

CallByVar proc，reg1；

上述指令执行完后机器人调用了名为 proc2 的例行程序。

应用限制：该指令是通过指令中的相应数据调用相应的例行程序。使用时有以下限制：

（1）不能直接调用带参数的例行程序。

（2）所有被调用的例行程序名称的第一部分必须相同，如 proc1、proc2、proc3 等。

（3）使用 CallByVar 指令调用例行程序所需的时间比用指令 ProcCall 调用例行程序的时间更长。

通过使用 CallByVar 指令，就可以通过 PLC 输入数字编号来调用对应不同涂胶轨迹例行程序，这样给程序扩展带来了极大的方便。

 **任务实施**

打开 XM5_Glue_OK.exe 文件，如图 5－13 所示。了解涂胶工作站的组成，单击"播放"（"Play"）按钮，观看机器人工作站动作视频。

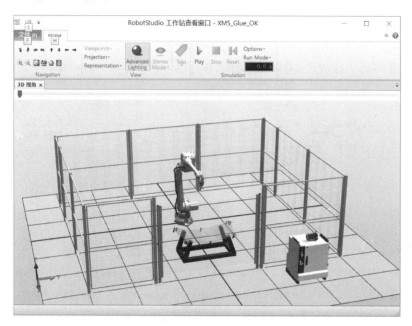

图 5 - 13　涂胶机器人工作站动作视频

1. 解压工作站程序压缩包

双击压缩包文件"XM5_Glue.rspag",如图 5 - 14 所示。根据解压向导的提示解压该工作站,解压后单击"完成"即可。

2. 配置 I/O 板及信号

本工作站仅演示涂胶运动过程,利用数字输出与胶枪控制器通信,控制涂胶工具的开关,流量与压力在控制器上设定。

XM5_Glue

图 5 - 14　涂胶工作站压缩包

我们选取了 DSQC652 通信板,它是下挂在 DeviceNet 总线上面的,通过 DeviceNet Device 进行配置,选用 DSQC652 模板进行设置,如图 5 - 15 所示。

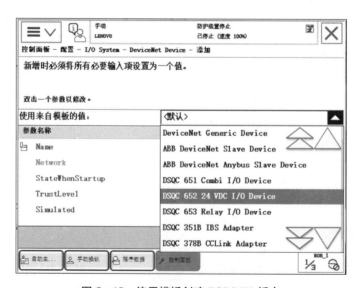

图 5 - 15　使用模板创建 DSQC652 板卡

默认 Name 为 d652，如图 5-16 所示。

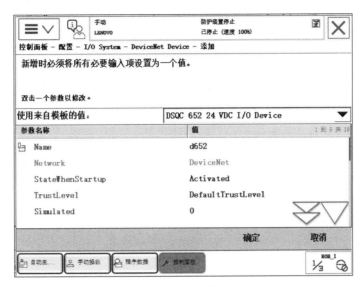

图 5-16 Name 默认为 d652

将 Address 修改为 10，如图 5-17 所示。

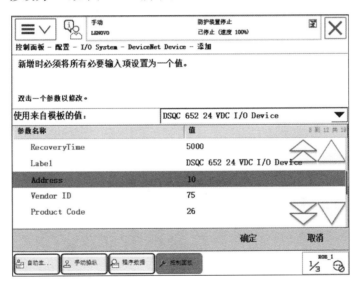

图 5-17 设置地址

I/O 信号的配置如表 5-1 所示。

表 5-1 I/O 信号参数

Name	Type of Signal	Assigned to Device	Device Mapping	I/O 信号注解
do_Start	Digital Output	d652	1	涂胶输出

进入"ABB 主菜单"→"控制面板"→"配置"→"I/O System"后，选择"Signal"进行设置，信号设置如图 5-18 所示。

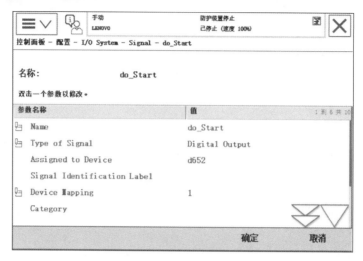

图 5‑18　信号 do_Start 设置

3. 工具坐标及载荷数据

本工作站案例中已建立好涂胶工具的工具坐标 tGlueHead,如图 5‑19 所示。

工具负载的参数为一个估算值,在本工作站中因涂胶工具质量较轻,因此无需重新设定载荷数据,采用默认载荷数据 load0 即可。在实际应用中,工具重心及偏移的设置通常采用系统例行程序 LoadIdentify 来进行自动标定。

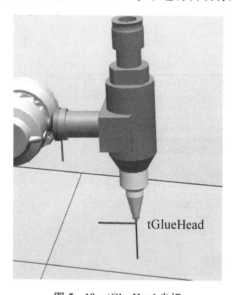

图 5‑19　tGlueHead 坐标

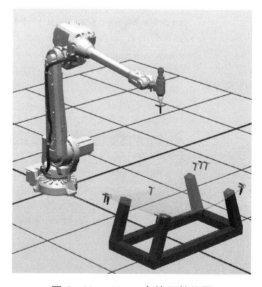

图 5‑20　pHome 点的示教位置

4. 示教目标点

涂胶轨迹运动中需要示教大量目标点,而且须在示教目标点的过程中根据工艺需求调整工具姿态,尽量使工具 Z 轴方向与工件表面保持垂直关系。

本项目中涂胶的目标点已经示教,并且形成路径 Path20。只需示教一个工作原点 pHome,如图 5‑20 所示。

5. 创建触发数据

涂胶开始时,在胶枪到达第一个涂胶位置时需要提前打开胶枪,因此须建立触发数据 GlueOpen,在到达第一个涂胶目标点 Target_10(见图 5 - 21)前 0.2 秒即打开胶枪。

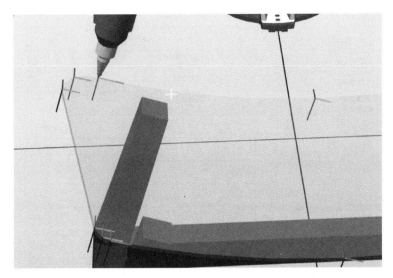

图 5 - 21　涂胶开始点 Target_10

新建一个 triggdata 类型的数据,将其命名为 GlueOpen,如图 5 - 22 所示。

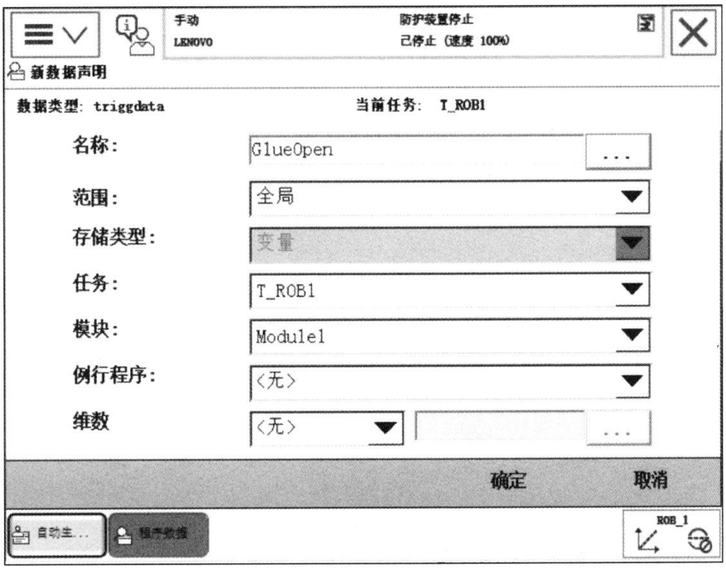

图 5 - 22　创建 triggdata 数据 GlueOpen

定义在到达 Targer_10 提前 0.2 秒打开胶枪的程序如下：

TriggIO GlueOpen，0.2\DOp：＝do_start，1；

TriggJ Target_10，v500，GlueOpen，z50，tGlueHead；

6. 创建计时数据

定义时钟数据 glueclock 用来计时，如图 5‑23 所示。

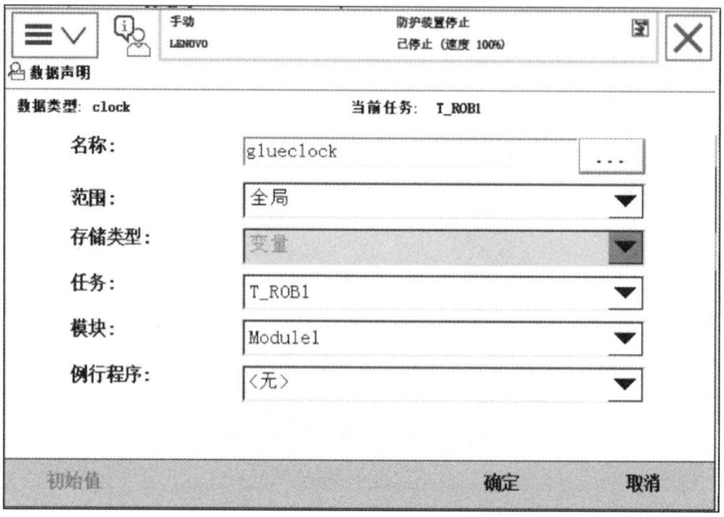

图 5‑23 创建 glueclock 时钟数据

定义数字型数据 glueTime 用来存储时间，如图 5‑24 所示。

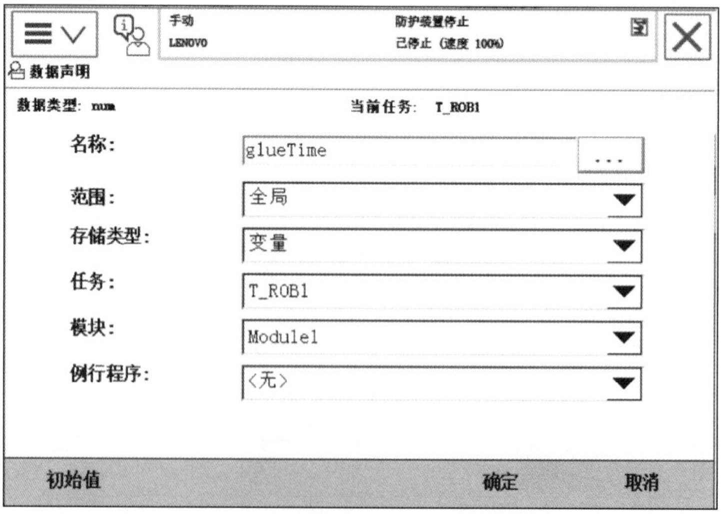

图 5‑24 创建 glueTime 数值数据

7. 程序编写与调试

1）工艺要求

（1）在进行涂胶示教时，控制胶枪使之在涂胶过程中与涂胶表面保持正确的角度和恒定的距离。

（2）机器人运行轨迹要求应平缓流畅，涂胶均匀。

2）控制流程图

为了方便读者编写程序，可以参考涂胶工作站的程序流程图，如图 5-25 所示。

3）程序模块和例行程序

Module1 程序模块已经建立，主程序 main 和涂胶轨迹程序 Path20 也已经建立。

4）编写主程序

主程序用于控制整个工艺流程，将工作站中的主程序补充完整，参考程序如下所示。

```
PROC main()
    MoveJ pHome, v1000, fine, tGlueHead;
    MoveJ Offs(Target_10,0,0,100), v1000,
        fine, tGlueHead;
    TriggIO GlueOpen, 0.2\DOp：=do_Start, 1;
    TriggL Target_10, v500, GlueOpen, z1, tGlueHead;
    ClkReset glueclock;
    ClkStart glueclock;
    Path_20;
    ClkStop glueclock;
    Reset do_Start;
    glueTime：= ClkRead(glueclock);
    TPErase;
    TPWrite "The glue time is"\Num：=glueTime;
    MoveJ pHome, v1000, fine, tGlueHead;
ENDPROC
```

5）项目完整程序

```
MODULE Module1
CONST robtarget Target_10：=[[1530.804478653,−619.700437781,564.03527238],
[0,0,0.989248332,−0.146245469],[−1,1,−2,0],[9E+09,9E+09,9E+09,9E+09,
9E+09,9E+09]];
    CONST robtarget Target_20：=[[1530.804478653,0.414081612,472.433294585],[0,
0,0.989248332,−0.146245469],[0,2,−3,0],[9E+09,9E+09,9E+09,9E+09,9E+09,
9E+09]];
```

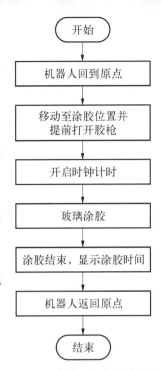

开始

机器人回到原点

移动至涂胶位置并提前打开胶枪

开启时钟计时

玻璃涂胶

涂胶结束，显示涂胶时间

机器人返回原点

结束

图 5-25　涂胶工作站控制流程图

CONST robtarget Target_30：=[[1536.134732448,651.313965553,573.59684264],[0,0,0.989248332,−0.146245469],[0,2,−3,0],[9E+09,9E+09,9E+09,9E+09,9E+09,9E+09]];

CONST robtarget Target_40：=[[1575.228904412,699.646828857,589.656174359],[0,0,0.989248332,−0.146245469],[0,2,−3,0],[9E+09,9E+09,9E+09,9E+09,9E+09,9E+09]];

CONST robtarget Target_50：=[[1637.238425187,715.369215955,595.161223698],[0,0,0.989248332,−0.146245469],[0,2,−3,0],[9E+09,9E+09,9E+09,9E+09,9E+09,9E+09]];

CONST robtarget Target_60：=[[2247.887407805,613.10306912,561.805498057],[0,0,0.989248332,−0.146245469],[0,2,−3,0],[9E+09,9E+09,9E+09,9E+09,9E+09,9E+09]];

CONST robtarget Target_70：=[[2266.136290511,601.966136154,558.516510447],[0,0,0.989248332,−0.146245469],[0,2,−3,0],[9E+09,9E+09,9E+09,9E+09,9E+09,9E+09]];

CONST robtarget Target_80：=[[2280.804478653,567.923626042,548.87054521],[0,0,0.989248332,−0.146245469],[0,2,−3,0],[9E+09,9E+09,9E+09,9E+09,9E+09,9E+09]];

CONST robtarget Target_90：=[[2280.804478653,0.414081612,472.433294585],[0,0,0.989248332,−0.146245469],[0,2,−3,0],[9E+09,9E+09,9E+09,9E+09,9E+09,9E+09]];

CONST robtarget Target_100：=[[2280.045442704,−575.462387917,551.184733545],[0,0,0.989248332,−0.146245469],[−1,1,−2,0],[9E+09,9E+09,9E+09,9E+09,9E+09,9E+09]];

CONST robtarget Target_110：=[[2271.773159127,−594.688766322,556.642104988],[0,0,0.989248332,−0.146245469],[−1,1,−2,0],[9E+09,9E+09,9E+09,9E+09,9E+09,9E+09]];

CONST robtarget Target_120：=[[2239.469314312,−614.43286335,562.450454188],[0,0,0.989248332,−0.146245469],[−1,1,−2,0],[9E+09,9E+09,9E+09,9E+09,9E+09,9E+09]];

CONST robtarget Target_130：=[[1637.269342321,−714.539169484,595.160555927],[0,0,0.989248332,−0.146245469],[−1,1,−2,0],[9E+09,9E+09,9E+09,9E+09,9E+09,9E+09]];

CONST robtarget Target_140：=[[1558.534928547,−685.554327182,585.119838788],[0,0,0.989248332,−0.146245469],[−1,1,−2,0],[9E+09,9E+09,9E+09,9E+09,9E+09,9E+09]];

CONST robtarget Target_150：=[[1530.804478653,−619.700437781,564.03527238],[0,0,0.989248332,−0.146245469],[−1,1,−2,0],[9E+09,9E+09,

```
9E+09,9E+09,9E+09,9E+09]];
    PERS tooldata tGlueHead：=[TRUE,[[201,0.000212772,140.038],[0.707107,0,
0.707107,0]],[1,[0,0,1],[1,0,0,0],0,0,0]];
    VAR triggdata GlueOpen；
    VAR clock glueclock；
    VAR num glueTime：=0；
    CONST robtarget pHome：=[[1499.89,0.00,1478.41],[0.258819,3.8567E-09,
-0.965926,1.43934E-08],[0,0,-1,0],[9E+09,9E+09,9E+09,9E+09,9E+09,
9E+09]];
    CONST robtarget pHome10：=[[1648.17,0.00,1585.69],[0.046323,0,0.998927,0],
[0,0,0,1],[9E+09,9E+09,9E+09,9E+09,9E+09,9E+09]];
    CONST robtarget pHome20：=[[1530.80,-619.70,981.80],[3.53199E-08,
-2.01907E-08,0.989248,-0.146245],[-1,-1,0,1],[9E+09,9E+09,9E+09,9E+
09,9E+09,9E+09]];
    PROC main()
        MoveJ pHome，v1000，fine，tGlueHead；
        MoveJ Offs(Target_10,0,0,100)，v1000，fine，tGlueHead；
        TriggIO GlueOpen，0.2\DOp：=do_Start，1；
        TriggL Target_10，v500，GlueOpen，z1，tGlueHead；
        ClkReset glueclock；
        ClkStart glueclock；
        Path_20；
        ClkStop glueclock；
        Reset do_Start；
        glueTime ：= ClkRead(glueclock)；
        TPErase；
        TPWrite "The glue time is"\Num：=glueTime；
        MoveJ pHome，v1000，fine，tGlueHead；
    ENDPROC
    PROC Path_20()
        MoveL Target_10,v1000,z100,tGlueHead\WObj：=wobj0；
        MoveC Target_20，Target_30，v1000，z1，tGlueHead\WObj：=wobj0；
        MoveC Target_40，Target_50，v1000，z1，tGlueHead\WObj：=wobj0；
        MoveL Target_60，v1000，z1，tGlueHead\WObj：=wobj0；
        MoveC Target_70，Target_80，v1000，z1，tGlueHead\WObj：=wobj0；
        MoveC Target_90，Target_100，v1000，z1，tGlueHead\WObj：=wobj0；
        MoveC Target_110，Target_120，v1000，z1，tGlueHead\WObj：=wobj0；
        MoveL Target_130，v1000，z1，tGlueHead\WObj：=wobj0；
```

　　MoveC Target_140，Target_150，v1000，fine，tGlueHead\WObj：＝wobj0；

ENDPROC

ENDMODULE

6）程序仿真运行

在仿真菜单下，单击  按钮，即可仿真运行。仿真时会弹出如图 5‐26 所示的涂胶时间。

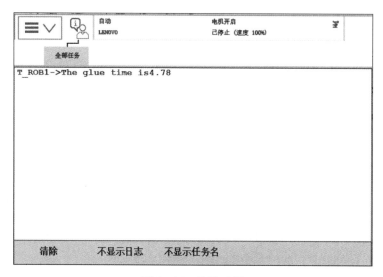

图 5‐26　涂胶时间

项目拓展

　　采用 ABB 涂胶系统包进行涂胶工作，涂胶工作站系统在 ABB 机器人系统自带涂胶包下与外围涂胶设备在 d651 通讯下实现自动涂胶及相关工艺。涂胶工作站需要配置机器人系统并配置涂胶包，设置相关 I/O，然后编辑相应程序和工艺。

1. 配置系统

打开"XM5_Glue.rspag"，在"控制器"菜单下找到"修改选项"，如图 5‐27 所示。

图 5‐27　修改选项

打开"修改选项"，添加涂胶工具包 641‐1 Dispense 选项，如图 5‐28 所示。

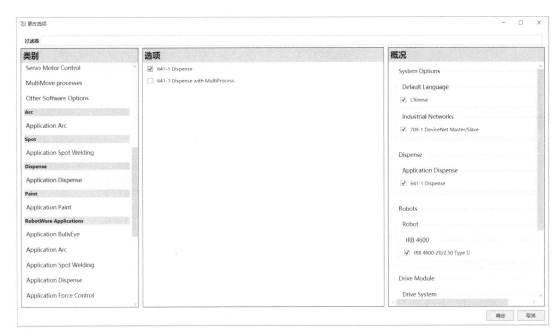

图 5 - 28　添加涂胶选项

2. I/O 配置

机器人与涂胶设备进行通信时需要用到模拟量,因此添加一块 DSQC651 板卡,设置地址为 11。

完成 641 - 1 Dispense 涂胶包配置后,系统中自动配置了涂胶的相关信号,如图 5 - 29 所示。

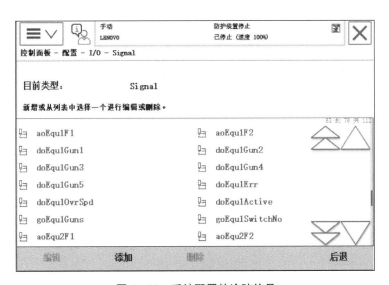

图 5 - 29　系统配置的涂胶信号

将 aoEqu1F1、aoEqu1F2、doEqu1Gun1 三个信号按照表 5 - 2 所示配置在 d651 板下。

表 5-2　I/O信号配置表

Name	Type of Signal	Assigned to Device	Device Mapping	I/O信号注解
aoEqu1F1	Analog output	d651	4～15	胶枪1的流量1
aoEqu1F2	Analog output	d651	20～31	胶枪1的流量2
doEqu1Gun1	Digital Output	d651	3	胶枪1输出信号

信号配置过程如下所示。

（1）找到"aoEqu1F1"信号，如图 5-30 所示。双击"aoEqu1F1"，出现图 5-31 界面。

图 5-30　选中 aoEqu1F1

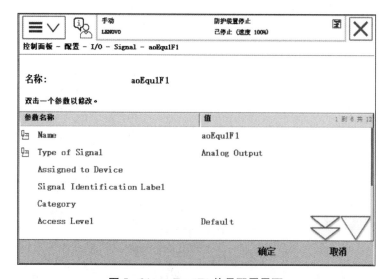

图 5-31　aoEqu1F1 信号配置界面

（2）在图 5‐31 中，选择"Assigned to Device"，将信号 aoEqu1F1 信号分配给 d651，如图 5‐32 所示。

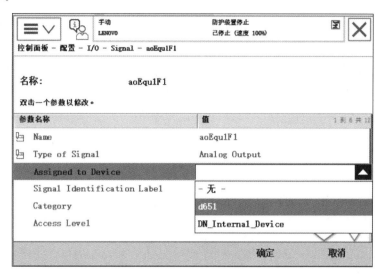

图 5‐32 aoEqu1F1 信号分配

（3）配置完 aoEqu1F1 信号后，继续完成 aoEqu1F2 和 doEqu1Gun1 信号的配置，如图 5‐33 和图 5‐34 所示。

图 5‐33 aoEqu1F2 配置

（4）全部配置完成后重启，让配置生效。

3. 程序数据

工作站程序需要使用 speeddata、beaddata 和 equipdata 程序数据。

1）速度数据 speeddata

speeddata 用于规定机械臂和外轴均开始移动时的速率。可根据实际要求进行设定，如图 5‐35 所示。

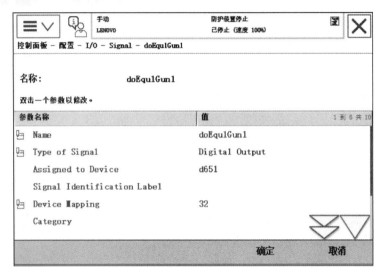

图 5-34　doEqu1Gun1 配置

图 5-35　设定 speeddata 数据

速度数据定义以下速度：

(1) v_tcp：工具中心点移动时的速度。

(2) v_ori：工具的重新定位速度。

(3) v_leax：线性移动时的速度。

(4) v_reax：旋转外轴移动时的速度。

当结合多种不同类型的移动时，其中一个速率常常限制所有运动，将减小其他运动的速率，以便所有运动同时停止执行。

2）数据 beaddata

beaddata 是涂胶数据，用于涂胶过程的控制。主要包含：① Info：字符串，最大 80 字符；

② flow1 和 flow2：为流量信号，数字类型（范围 1～100）；③ flow1_type 和 flow2_type：flow1 和 flow2 流量控制类型（0 表示不使用流量信号；1 表示 flow 为常量，流速恒定；2 表示按比例流速为 100%）；④ equip_no：设备号，范围（1～4）；⑤ Gun_no：喷枪数，枪的开关选择（0 表示不激活枪；1 表示激活 1 号枪（单枪）；如需表示激活多把枪，如 1、2 和 5 要激活，那么设为 gun_no=125）。

在 beaddata 新建一个涂胶参数数据 bead2，如图 5-36 所示。

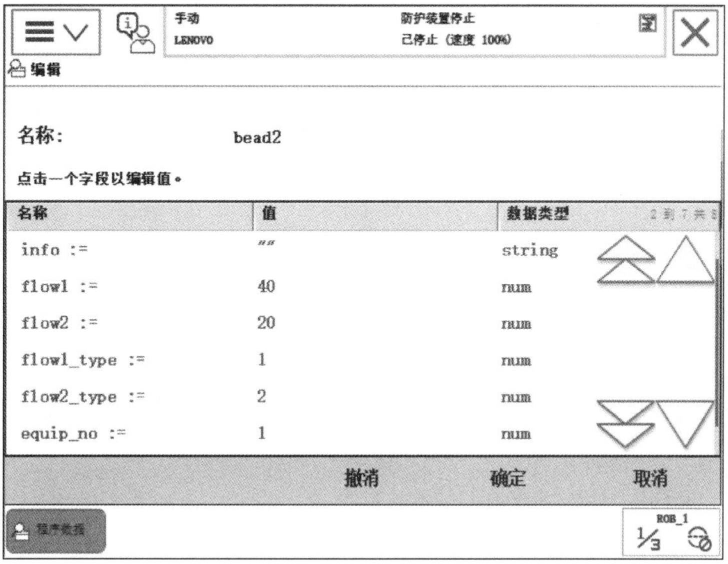

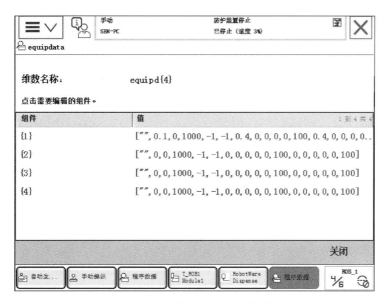

图 5-36　设定 beaddata 数据

3）数据 equipdata

equipdata 为涂胶设备参数，修改涂胶设备数据 equipd{4}，如图 5-37 所示。

图 5-37　设定 equipdata 数据

4. 程序编写

（1）利用 Path20 中的 Targer_10、Target_20 等这些目标点数据，编写涂胶程序 rglue，参考程序如下。

PROC rglue()

　　DispL\ON，Target_10，v1000，bead2，z1，tGlueHead；

　　DispC Target_20，Target_30，v1000，bead2，z100，tGlueHead\WObj：=wobj0；

　　DispC Target_40，Target_50，v1000，bead2，z100，tGlueHead\WObj：=wobj0；

　　DispL Target_60，v1000，bead2，z100，tGlueHead\WObj：=wobj0；

　　DispC Target_70，Target_80，v1000，bead2，z100，tGlueHead\WObj：=wobj0；

　　DispC Target_90，Target_100，v1000，bead2，z100，tGlueHead\WObj：=wobj0；

　　DispC Target_110，Target_120，v1000，bead2，z100，tGlueHead\WObj：=wobj0；

　　DispL Target_130，v1000，bead2，z100，tGlueHead\WObj：=wobj0；

　　DispC\OFF，Target_140，Target_150，v1000，bead2，fine，tGlueHead；

ENDPROC

（2）示教 pHome 工作原点，编写主程序，主程序中调用 rglue 涂胶程序，参考程序如下所示。

PROC main()

　　MoveJ pHome，v1000，fine，tGlueHead；

　　rglue；

　　MoveJ pHome，v1000，fine，tGlueHead；

ENDPROC

（3）完整程序参考 XM5_Glue_OK_2.rspag 文件。

5. 程序仿真运行

在仿真菜单下，单击 按钮，即可仿真运行。

项目小结

本项目介绍了涂胶机器人工作站及机器人与涂胶设备之间 2 种常见的通信方式。通过项目的学习，掌握了涂胶的控制方法。学习了涂胶指令，依次完成了涂胶工作站 I/O 信号的配置、I/O 信号的关联、程序数据的创建、目标点示教、程序编写及仿真调试。学习了工作站涂胶程序的编写要点和技巧。

项目六
机器人焊接工作站应用

 任务目标

（1）基本焊接指令的应用。
（2）学习中断指令和外轴控制指令。
（3）了解焊接机器人工作站。
（4）设置弧焊工作站信号，以及弧焊信号与弧焊系统的关联。
（5）弧焊工作站程序的编写及调试。

 机器人焊接工作站

焊接是现代机械制造业中必不可少的一种加工工艺方法，在汽车制造、工程机械、摩托车等行业中占有重要的地位。人工操作焊接加工是一项繁重的工作，随着许多焊接结构件的焊接精度和速度要求越来越高，人工焊接很难达到焊接工艺的要求。此外，焊接时产生的电弧、火花及烟雾也会对人体造成伤害。

随着先进制造业技术的发展，越来越多的机器人应用在加工制造业领域，据不完全统计，全世界在役的机器人大约有一半用于各种形式的焊接加工行业。特别是在汽车制造业中，汽车制造的批量化、高效率和对产品质量一致性的要求，使焊接机器人在汽车焊接中获得大量应用。图6-1是焊接机器人在加工制造领域的应用。

工业机器人和焊接电源所组成的机器人自动焊接系统，能够灵活实现多种复杂三维曲线的加工轨迹，提高焊接工艺的水平、焊接工件的一致性，减轻焊接工作的劳动强度，保证焊接质量，提高生产率，并且能够在恶劣工作环境中代替人类从事技术要求更高的工作。

1.焊接机器人的概述

焊接机器人是集机械、计算机、电子、传感器、人工智能等多方面知识技术于一体的现代化、自动化设备。焊接机器人主要由机器人和焊接设备两大部分构成，而其中机器人由机器人本体和控制系统组成。焊接设备以点焊为例，则由焊接电源、专用焊枪、传感器、修磨器等部分组成。此外，还应有相应的系统保护装置。

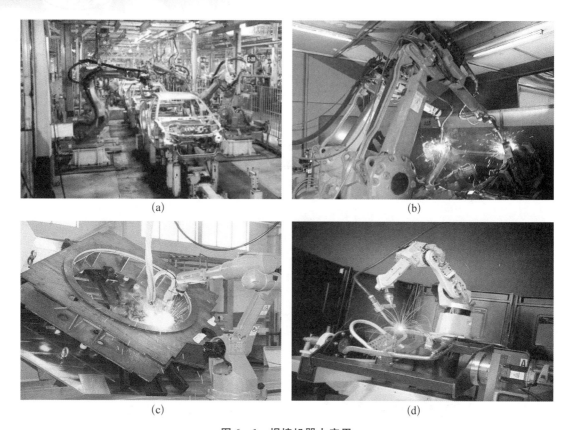

图 6-1　焊接机器人应用

(a) 汽车车身焊接；(b) 零部件焊接；(c) 大型构件焊接；(d) 管道焊接

　　焊接机器人突破了焊接刚性自动化的传统方式,开拓了一种柔性自动化生产方式,使小批量产品自动化焊接生产成为可能。由于机器人具有示教再现功能,完成一项焊接任务只需要人工给机器人做一次示教,随后机器人即可精确地再现示教的每一步操作。如果需要机器人去做另一项工作,无需改变任何硬件,只要对机器人再做一次示教或编程即可,因此,一条焊接机器人生产线上,可同时自动生产若干种不同产品。

　　焊接机器人的优点主要体现在以下几个方面:

　　(1) 稳定和提高焊接质量,保证焊缝均匀性。

　　(2) 提高劳动生产率,一天可 24 小时连续工作。

　　(3) 改善工人劳动条件,可以代替工人在有毒、有害的环境下工作。

　　(4) 降低对工人操作技术的要求。

　　(5) 可实现小批量产品的焊接自动化。

　　(6) 为焊接柔性生产线提供技术基础。

2. 焊接机器人的分类

　　焊接机器人是指在焊接生产领域代替焊接工人从事焊接任务的工业机器人,目前焊接机器人应用中比较常见的有点焊机器人、弧焊机器人、激光焊接机器人三种,如图 6-2 所示。

　　弧焊工艺已在许多行业中得到普及,弧焊机器人是用于弧焊(主要是熔化极气体保护焊

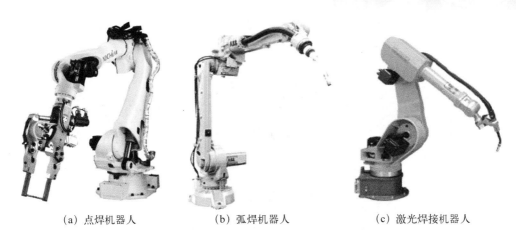

（a）点焊机器人　　　　　（b）弧焊机器人　　　　　（c）激光焊接机器人

图 6‑2　常见的焊接机器人

和非熔化极气体保护焊）自动作业的工业机器人，其末端持握的工具是弧焊作业用的各种焊枪，如图 6‑2(b)所示。弧焊机器人是包括各种电弧焊附属装置在内的柔性焊接系统，因此对其性能有着特殊的要求。

在弧焊作业中，焊枪的尖端沿着预设的焊道轨迹运动，并不断填充金属以形成焊缝。因此移动过程中速度的平稳性和重复定位精度是两项重要的指标，一般情况下，焊接速度取 30～300 cm/min，轨迹重复定位精度为±(0.2～0.5)mm。弧焊工业机器人其他基本性能要求如下：

（1）与焊机进行通讯的功能。

（2）设定焊接参数，包括焊接电压电流、焊接速度、引弧熄弧焊接条件的设置。

（3）设定摆动功能和摆焊参数设置。

（4）坡口填充功能。

（5）焊接异常检测功能。

（6）与计算机及网络接口功能。

ABB 机器人提供了丰富的弧焊功能，ABB 弧焊机器人系统如图 6‑3 所示。

图 6‑3　ABB 弧焊机器人系统

典型的 ABB 弧焊机器人是由机器人及其控制器、焊接电源、送丝机构、焊枪和保护气体、变位机等组成,ABB 弧焊机器人硬件设备如图 6-4 所示。

送丝机
保护气瓶
焊枪
变位机
焊接地线
焊台工装
送丝盘
机器人
焊接电源
(焊机)

图 6-4   ABB 弧焊机器人硬件设备

3. 弧焊机器人工作站布局

弧焊系统是完成弧焊作业的核心装备。焊接机器人与周边设备组成的系统成为焊接机器人集成系统(工作站),弧焊机器人工作站主要由操作机、控制系统、弧焊系统和安全设备等部分组成。典型弧焊机器人工作站如图 6-5 所示,工作站布局包括:工业机器人、控制柜、变位机、焊接电源、清枪装置。

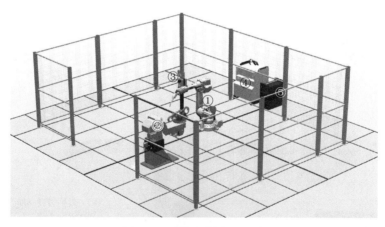

图 6-5   弧焊机器人工作站
① IRB2600 机器人;② 变位机;③ 清枪装置;④ ICR5 型控制柜;⑤ 焊接电源

该工作站中配置了 ICR5 型控制柜,工作站中控制柜和焊接电源一起完成焊接操作。弧焊机器人末端法兰盘装有焊枪,如图 6-6 所示。

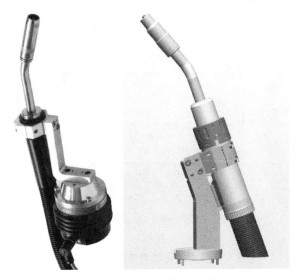

图 6-6　弧焊机器人用焊枪

使用图 6-5 中弧焊机器人工作站,完成如图 6-7 所示的汽车零件的双面焊接任务,零件安装在变位机上,由变位机的翻转完成焊接位置的转换。在程序首次执行时,机器人会执行清枪任务;完成后机器人回到工作原点,等待工件准备好信号;收到焊接信号后开始进行弧焊,完成焊接后,机器人再次回到原点等待工件完成装夹准备好信号,开始重复焊接工作,10 个工件焊接完成后,进行清枪工作。

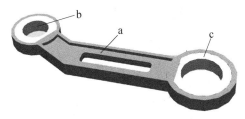

图 6-7　焊接工件

a—零件 1;b—零件 2;c—零件 3

1. 焊接电源连接方式

如图 6-8 所示是焊接电源及其接口,焊接电源与 ABB 机器人的连接方式有以下两种:

(1) 通用焊接电源连接方式。通过 DSQC651 板卡的 I/O 连接,需选中:

● 633-4 Arc 控制选项

● 709-1 DeviceNet,DSQC651

DeviceNet 总线连接方式

● 633-4 Arc

● Standard I/O Welder-DeviceNet

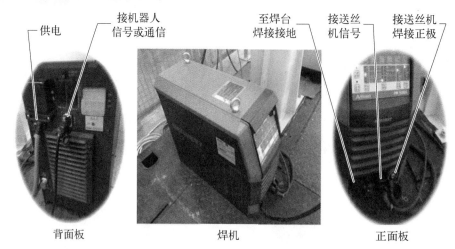

背面板　　　　　　　　　　焊机　　　　　　　　　　正面板

图 6 - 8　焊接电源与焊接设备的连接

图 6 - 9　Fronius TPS4000 焊接电源

（2）集成焊接电源连接方式有：

● ESAB（伊萨）AristoMig W8，DeviceNet

● Fronius（福尼斯）TPS

● SKS SynchroWeld，DeviceNet/Profibus/Profinet

在本弧焊工作站中，焊接电源采用的是 Fronius（福尼斯）TPS4000（见图 6 - 9）。

对于采用 DSQC651 板卡的 I/O 信号连接方式，通用焊接电源连接方式如图 6 - 10 所示。

各种弧焊用机器人须选中 633 - 4 Arc 控制选项，如图 6 - 11 所示。

信号名称	类型	地址	参数注释
AOWeldingVoltage	AO	16~31	控制焊接电源
AOWeldingCurrent	AO	0~15	控制焊接电流或送丝速度
Do34_FeedOn	DO	34	点动送丝控制
Do33_GasOn	DO	33	送气控制
Do32_WeldOn	DO	32	起弧控制
Di00_ArcEst	DI	0	起弧控制（焊机通知机器人）

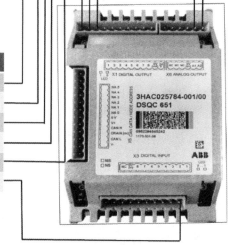

图 6 - 10　DSQC651 焊接电源连接方式

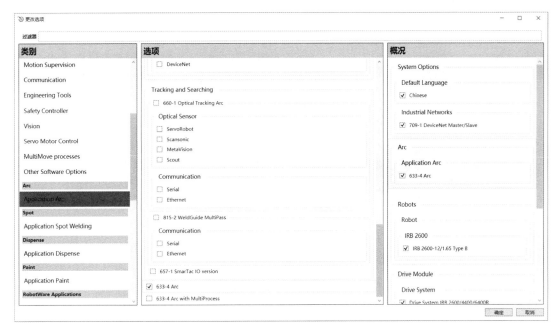

图 6‑11　633‑4 Arc 控制选项

2. 变位机

变位机是专用焊接辅助设备,适用于回转工作的焊接变位,以得到理想的加工位置和焊接速度。变位机与操作机、焊机配套使用,组成自动焊接中心,也可用于手工作业时的工件变位。焊接变位机一般由工作台回转机构和翻转机构组成,通过工作台的升降、翻转和回转使固定在工作台上的工件达到所需的焊接装配角度,工作台回转为变频无级调速,可得到满意的焊接速度。

本弧焊工作站中,选择变位机型号是 IRBPA,如图 6‑12 所示。

图 6‑12　变位机 IRBPA 型号

3. 清枪系统

一般情况下二氧化碳保护焊有很大的飞溅,会逐渐粘在焊枪的喷嘴和导电嘴上,影响气体保护效果、送丝的稳定性。因此根据飞溅情况的大小,在每次焊接若干个零件后对喷嘴和导电嘴进行一次清理。

清枪系统是一套焊枪维护系统,如图 6‑13 所示,在焊接过程中可以完成清焊渣、喷雾、剪焊丝三个动作。利用喷雾装置清理焊渣,使用剪丝装置去掉焊丝的球头,以保证焊接过程的顺利,减少人为干预,在焊接过程中用来保证焊接过程的顺利进行。主要利用三个输出信号控制三个动作的启动和停止。

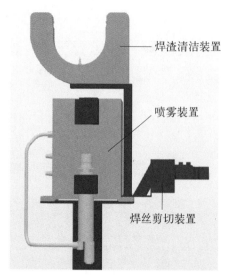

焊渣清洁装置

喷雾装置

焊丝剪切装置

图 6-13　清枪系统

清焊渣：由自动机械装置带动顶端的尖头旋转对焊渣进行清洁。

喷雾：自动喷雾装置对清洁完焊渣的枪头部分进行喷雾，防止焊接过程中焊渣飞溅粘连到导电嘴上。

剪焊丝：自动剪切装置将焊丝剪至合适的长度。

4. 弧焊 I/O 配置及参数设置

在实际应用中，机器人需要与焊接设备进行通信，信号名称和信号地址自定义，常见的弧焊 I/O 信号如表 6-1 所示。

定义的 I/O 信号需要与焊接参数进行关联，定义的信号与焊接系统关联操作在示教器"控制面板"→"配置"→"主题"→"Process"中进行。如表 6-2 所示是常用的弧焊信号。其余焊接信号，如保护气检测信号（GASOK）、送丝检测信号（FEEDOK），可以在"Process"中进行查看。

表 6-1　常用弧焊 I/O 信号

信 号 名 称	信号类型	信号地址	参 数 注 释
AOWeldingVoltage	AO	16～31	控制焊接电压
AOWeldingCurrent	AO	0～15	控制焊接电流或送丝速度
Do32_WeldOn	DO	32	起弧控制
Do33_GasOn	DO	33	送气控制
Do34_FeedOn	DO	34	点动送丝控制
Di00_ArcEst	DI	0	起弧控制（焊机通知机器人）

表 6-2　弧焊 I/O 信号与焊接参数

I/O Name	Parameters Type	Parameters Name	I/O 信号注释
AOWeldingVoltage	Arc Equipment Analogue Output	VoltReference	焊接电压控制模拟信号
AOWeldingCurrent	Arc Equipment Analogue Output	CurrentReference	焊接电流控制模拟信号
Do32_WeldOn	Arc Equipment Digital Output	WeldOn	焊接启动数字信号
Do33_GasOn	Arc Equipment Digital Output	GasOn	打开保护气数字信号
Do34_FeedOn	Arc Equipment Digital Output	FeedOn	送丝信号
Di00_ArcEst	Arc Equipment Digital Input	ArcEst	起弧检测信号

5. 弧焊常用程序数据

在弧焊的连续工艺过程中，需要根据材质或者焊缝的特性来调整焊接电压或者焊接电流的大小，调整焊枪是否需要摆动、摆动的形状和幅度大小等参数。在弧焊机器人系统中，用程序数据来控制这些变化的因素，需要设定 WeldData、SeamData、WeaveData 三个参数。

1）WeldData

焊接参数（WeldData）是用来控制在焊接过程中机器人的焊接速度，以及焊机输出的电压和电流的大小。需要设定下列参数，如表 6-3 所示。

表 6-3　焊接参数

参　数　名　称	参　数　注　释
Weld_speed	焊接速度
Voltage	焊接电压
Current	焊接电流

2）SeamData

起弧收弧参数（SeamData）是控制焊接开始前和结束后吹保护气的时间长短，用来保证焊接时的稳定性和焊缝的完整性。需要设定的参数如表 6-4 所示。

表 6-4　起弧收弧参数

参　数　名　称	参　数　注　释
Purge_time	清枪吹气时间
Preflow_time	预吹气时间
Postflow_time	尾气吹气时间

3）WeaveData

摆弧参数（WeaveData）是用来控制机器人在焊接过程中焊枪的摆动，通常在焊缝的宽度超过焊丝直径较多时通过焊枪的摆动去填充焊缝。这个参数属于可选项，如果焊缝的宽度较小，在机器人线性焊接时可以满足的情况下，可不选用该参数。需要设定的参数如表 6-5 所示。

表 6-5　摆弧参数

参　数　名　称	参　数　注　释
Weave_shape	摆动的形状
Weave_type	摆动的模式
Weave_length	一个周期前进的距离
Weave_width	摆动的宽度
Weave_height	摆动的高度

4）RobotWare Arc 弧焊工具的使用

RobotWare Arc 弧焊工具可方便快捷地进行弧焊参数的设置，单击图 6-14 中示教器的"开始菜单"，继续单击菜单中的"生产屏幕"，出现如图 6-15 所示界面。

单击图 6-15 中的红色方框中的图标，就可以进入 RobotWare Arc，如图 6-16 所示。

图 6 - 14　菜单中的"生产屏幕"

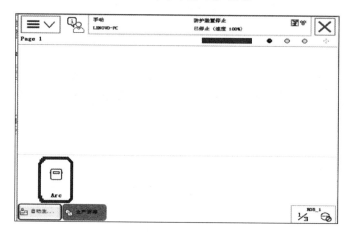

图 6 - 15　进入 RobotWare Arc 的按钮

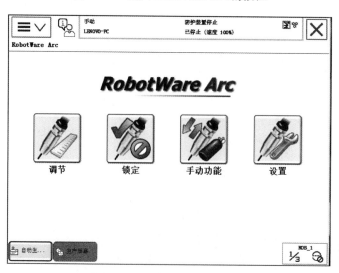

图 6 - 16　RobotWare Arc 界面

单击图 6 - 16 中的"调节"按钮,出现如图 6 - 17 所示界面,是用于调节焊接参数以及摆弧参数。

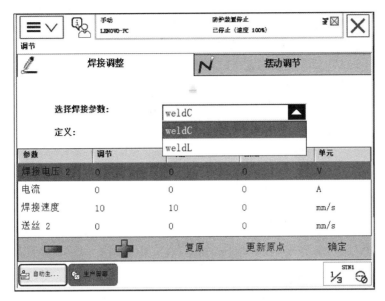

图 6 - 17　焊接参数调整

在图 6 - 17 中,两个焊接参数 weldC 和 weldL,都可以进行调节。例如调节 weldC 中的焊接电压,选中焊接电压,单击下面的"＋"或者"－"就可调整焊接电压的值,焊接速度和送丝速度同样使用此方法调节。

如图 6 - 18 所示,我们没有用到摆弧参数,所以摆弧参数是灰色的,如果摆弧参数有数值,调节方法同上。

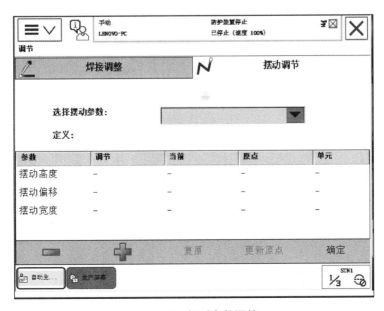

图 6 - 18　摆弧参数调整

单击图 6-16 中的"设置"按钮，出现如图 6-19 所示，可以调节焊接参数以及摆弧参数。

图 6-19　选择需要锁定和启动的程序

在图 6-19 中可以看到，调节增量都是 1，图 6-17 中的焊接参数"＋"或者"－"的增量就是在这里设置的。可以选择焊接速度、送丝、距离、电压、控制、电流进行调节。

单击图 6-16 中的"锁定"按钮，得到图 6-20 所示界面，是用于开启或者关闭焊接、摆弧、跟踪、焊接速度。当单击最后一个"使用焊接速度"，就全部锁定了，如图 6-21 所示。

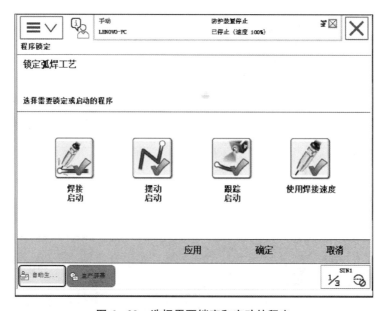

图 6-20　选择需要锁定和启动的程序

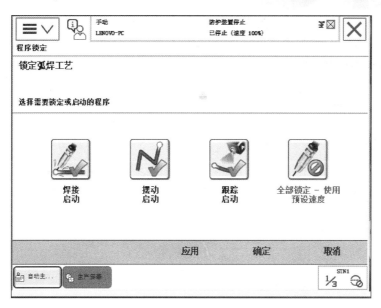

图 6-21 全部锁定

单击图 6-16 中的"手动功能"按钮,得到图 6-22 所示界面,是用于手动送丝、送气、触发传感器。由于没有关联"向后(退丝)"和"伸出"的 I/O 信号,所以这两个标志默认都是灰色的,只有"向前(送丝)"按钮是有效。

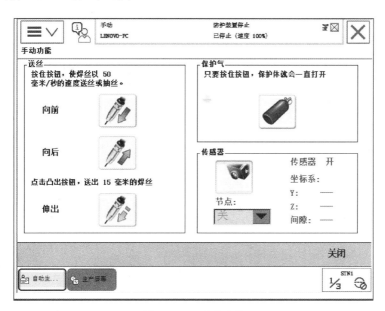

图 6-22 手动功能

6. 常用指令

1) 焊接指令

焊接程序都必须以指令 ArcLStart 或者 ArcCStart 开始,通常运用 ArcLStart 作为起始语句,焊接过程都必须以 ArcLEnd 或者 ArcCEnd 结束,焊接中间点使用 ArcL\ArcC 语句,焊接过程中不同的语句使用不同的焊接参数(如 SeamData 和 WeaveData)。

(1) ArcLStart：线性焊接开始指令。"ArcLStart"指令用于直线焊缝的焊接开始,工具中心点线性移动到指定目标位置,整个焊接过程通过参数监控和控制。程序如下:

ArcLStart p1,v100,seam1,weld5,fine,gun1;

如图 6-23 所示,机器人线性运行到 p1 点起弧,焊接开始。

(2) ArcLEnd：线性焊接结束指令。ArcLEnd 用于直线焊缝的焊接结束,工具中心点线性移动到指定目标位置,整个焊接过程通过参数监控和控制。样例程序如下:

ArcLEnd p2,v100,seam1,weld5,fine,gun1;

如图 6-23 所示,机器人线性焊接运行到 p2 点收弧,焊接结束。

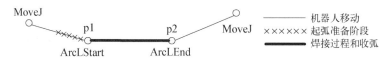

图 6-23　ArcLStart、ArcLEnd 指令工作示意图

(3) ArcL：线性焊接指令。ArcL 用于直线焊缝的焊接,工具中心点线性移动到指定目标位置,焊接过程通过参数控制。样例程序如下:

ArcL *,v100,seam1,weld5\Weave:= Weave1,z10,gun1;

如图 6-24 所示,机器人线性焊接的部分应使用 ArcL 指令。

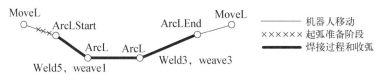

图 6-24　ArcL 指令工作示意图

(4) ArcCStart：圆弧焊接开始指令。ArcCStart 用于圆弧焊缝的焊接开始,工具中心点圆周运动到指定目标位置,整个焊接过程通过参数监控和控制。样例程序如下:

ArcCStart p1,p2,v100,seam1,weld5,fine,gun1;

如图 6-25 所示,机器人从 p1 点圆弧焊接运行到 p2 点,p2 是任意设定的过渡点。

(5) ArcCEnd：圆弧焊接结束指令。ArcCEnd 用于圆弧焊缝的焊接结束,工具中心点圆周运动到指定目标位置,整个焊接过程通过参数监控和控制。样例程序如下:

ArcCEnd p2,p3,v100,seam1,weld5,fine,gun1;

如图 6-25 所示,机器人在从 p2 继续圆弧焊接到 p3 点结束,p2 只是 ArcCStart 指令任意设定的过渡点。

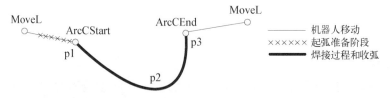

图 6-25　ArcCStart 、ArcCEnd 指令工作示意图

（6）ArcC：圆弧焊接指令。ArcC 用于圆弧焊缝的焊接，工具中心点线性移动到指定目标位置，焊接过程通过参数控制。样例程序如下：

ArcC ＊，＊，v100，seam1，weld5\Weave：= Weave1，z10，gun1；

如图 6－26 所示，机器人圆弧焊接的不规则多段部分应使用 ArcC 指令，并可以多设置与 p2点类似的过渡点。

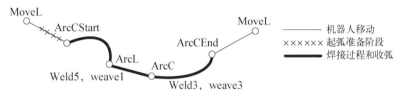

图 6－26 ArcC 指令工作示意图

2）中断指令

中断程序是用来处理在自动生产过程中的突发异常状况的一种指令。中断指令通常可以由以下条件触发：

（1）一个外部输入信号突然变为 0 或 1。

（2）一个设定的时间到达后。

（3）机器人到达某一个指定位置。

（4）当机器人发生某一个错误时。

当中断发生时，正在执行的机器人程序被停止，相应的中断指令会被执行，当中断指令执行完毕后，机器人将回到原来被停止的程序继续执行。常见的中断指令如表 6－6 所示。

表 6－6 中断指令

指 令 名 称	指 令 注 释
CONNECT	中断连接指令，连接变量和中断程序
ISignalDI	数字输入信号中断触发指令
ISignalDO	数字输出信号中断触发指令
ISignalGI	组合输入信号中断触发指令
ISignalGO	组合输出信号中断触发指令
IDelete	删除中断连接指令
ISleep	中断休眠指令
IWatch	中断监控指令，与中断休眠指令配合使用
IEnable	中断生效指令
IDisable	中断失效指令，与中断生效指令配合使用

3）外轴控制指令

（1）外轴激活指令 ActUnit：

格式：ActUnit MecUnit（外轴名）。

应用：将机器人一个外轴激活。

（2）停止外轴指令 DeactUnit：

格式：DeactUnit MecUnit（外轴名）。

应用：使机器人一个外轴失效。

示例：

MoveL p10,v1000,fine,tool1；！移动到 p10,外轴不动

ActUnit track_motion；！激活外轴 track_motion

MoveL p20，v1000,fine,tool1；！移动到 p20,外轴 track_motion 联动

DeactUnit track_motion；！外轴 track_motion 失效

ActUnit orbit_a；　　！激活外轴 orbit_a

MoveL p30，v1000,fine,tool1；！移动到 p30,外轴 orbit_a 联动

 任务实施

打开 XM6_AW_OK.exe 文件，如图 6‑27 所示，了解本焊接工作站的组成，单击"播放"（"Play"）按钮，观看机器人工作站动作视频。

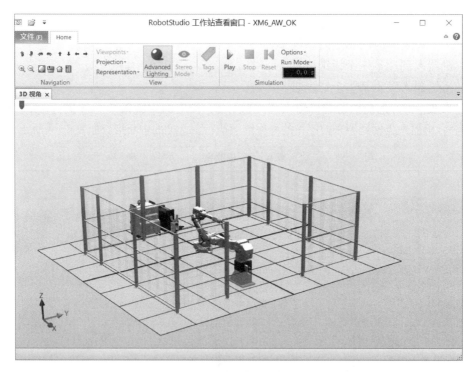

图 6‑27　弧焊工作站动作视频

1. 解压工作站

双击工作站压缩包文件"XM6_AW.rspag"，如图 6‑28 所示，根据解压向导的步骤解压该工作站。

焊接工作站解压完成后，如图 6‑29 所示。

XM6-AW

图 6‑28　工作站打包文件

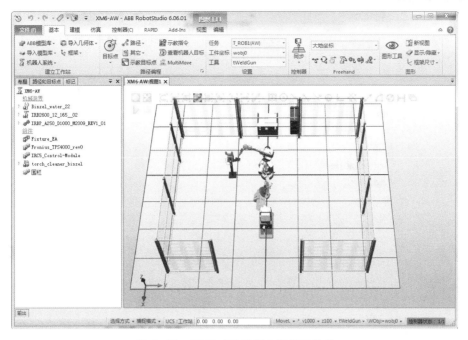

图 6 - 29 XM6_AW 机器人焊接工作站

2. 机器人 I/O 设置

1) DSQC651 通信板卡设置

工作站中配置了一个 DSQC651 通信板卡(8 个数字输入信号,8 个数字输出信号,两个模拟输出信号),其总线地址为 10。

在示教器中单击"ABB 开始菜单"→"控制面板"→"配置"→"I/O"→"DeviceNet Device",单击"添加",接着单击"默认"的下拉菜单,选择"DSQC 651 Combi I/O Device",如图 6 - 30 所示。

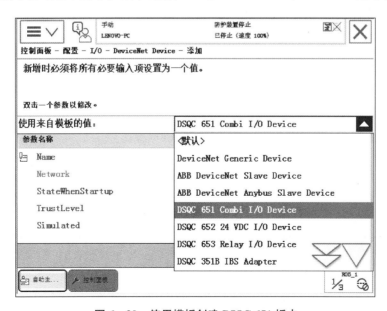

图 6 - 30 使用模板创建 DSQC 651 板卡

双击"Name"进行 DSQC 651 板在系统中名字的设定,在系统中将 DSQC 651 板的名字设定为"Board10"。接着将"Address"的值设定为 10,重新启动控制器,使设定的参数生效。DSQC 651 通信板卡设置完成后如图 6 - 31 所示。

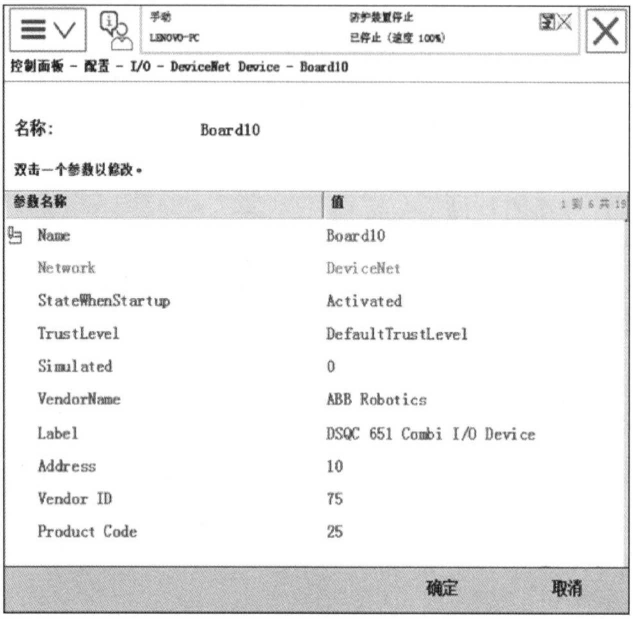

图 6 - 31 设置 DSQC 651 板卡参数

注:该图已将示教器中 2 个画面合并成一张图

2)弧焊工作站的 I/O 信号

数字输出信号 Do32_WeldOn,用于起弧控制;

数字输出信号 Do33_GasOn,用于送气控制;

数字输出信号 Do34_FeedOn,用于启动送丝控制;

数字输出信号 Do35_TorchCut,用于剪丝控制;

数字输出信号 Do36_TorchOil,用于喷雾控制;

数字输入信号 Di00_ArcEst,起弧信号,焊接电源通知机器人起弧成功;

数字输入信号 Di07_Start,弧焊启动信号;

模拟输出信号 AOWeldingVoltage,用于控制焊接电压;

模拟输出信号 AOWeldingCurrent,用于控制焊接电流。

3)配置数字 I/O 信号参数

I/O 信号参数如表 6 - 7 所示。

表 6 - 7 I/O 信号参数

Name	Type of Signal	Assigned to Device	Device Mapping
Do32_WeldOn	Digital Output	Board10	32
Do33_GasOn	Digital Output	Board10	33

（续表）

Name	Type of Signal	Assigned to Device	Device Mapping
Do34_FeedOn	Digital Output	Board10	34
Do35_TorchCut	Digital Output	Board10	35
Do36_TorchOil	Digital Output	Board10	36
Do37_GunWash	Digital Output	Board10	37
Di00_ ArcEst	Digital Input	Board10	0
Di07_Start	Digital Input	Board10	7

在示教器中单击"ABB 开始菜单"→"控制面板"→"配置"→"I/O"→"Signal"，可以设置表 6-7 中的 I/O 信号。当 I/O 信号设置好，系统会提示"重新启动控制器"，可以选择"否"，当所有的 I/O 信号设置完成，按照提示，重新启动控制器。设置好的 I/O 信号如图 6-32 所示。

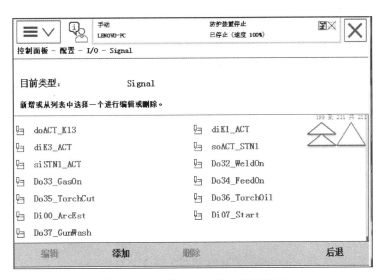

图 6-32　工作站 I/O 信号参数设置

4）配置模拟 I/O 信号参数

AoWeldingCurrent 是模拟输出信号，用于控制焊接电流或者送丝速度，其参数配置如表 6-8 所示。该表的参数是示例值，具体的参数要结合焊机以及工艺需求进行设定。

表 6-8　AoWeldingCurrent 模拟输出参数

Name	AoWeldingCurrent	信　号　名　称
Type of signal	Analog Output	信号类型
Assigned to device	Board10	信号所在单元
Device mapping	0～15	信号地址
Default value	30	设为 30 A，此值≥Minimum logical value
Analog encoding type	unsigned	选择编码种类 unsigned

（续表）

Name	AoWeldingCurrent	信 号 名 称
Maximum logical value	350	焊机最大逻辑值时的输出电流为 350 A
Maximum physical value	10	最大电流输出时，I/O 板输出电压
Maximum physical value limit	10	I/O 板最大输出电压
Maximum bit value	65535	最大逻辑位值，16 位
Minimum logical value	30	焊机最小逻辑值时的输出电流为 30 A
Minimum physical value	0	最小电流输出时，I/O 板输出电压
Minimum physical value limit	0	I/O 板最小输出电压
Minimum bit value	0	最小逻辑位值

AoWeldingVoltage 是模拟输出信号，用于控制焊接电压，其信号配置如表 6-9 所示，该表的参数是示例值，具体的参数要结合焊机以及工艺需求进行设定。

表 6-9　AoWeldingVoltage 模拟输出参数

Name	AoWeldingVoltage	信 号 名 称
Type of signal	Analog Output	信号类型
Assigned to device	Board10	信号所在单元
Device mapping	16~31	信号地址
Default value	12	设为 12 V，此值≥Minimum logical value
Analog encoding type	unsigned	选择编码种类 unsigned
Maximum logical value	40.2	焊机最大逻辑值时的输出电压为 40.2 V
Maximum physical value	10	最大电压输出时，I/O 板输出电压
Maximum physical value limit	10	I/O 板最大输出电压
Maximum bit value	65535	最大逻辑位值，16 位
Minimum logical value	12	焊机最小逻辑值时的输出电压为 12 V
Minimum physical value	0	最小电压输出时，I/O 板输出电压
Minimum physical value limit	0	I/O 板最小输出电压
Minimum bit value	0	最小逻辑位值

下面根据表 6-8 设置 AoWeldingCurrent 的参数。在图 6-32 中，选择"添加"，添加"AoWeldingCurrent"，并进行参数设置。如图 6-33 所示。

模拟输出信号 AoWeldingCurrent 设置好，接下来继续设置 AoWeldingVoltage 的参数。根据表 6-9 中 AoWeldingVoltage 的参数，在图 6-32 中，继续选择"添加"，添加"AoWeldingVoltage"，并进行参数设置。如图 6-34 所示。

这样工作站的模拟 I/O 信号就设置完了，重新启动示教器即可。

3. 弧焊信号与系统关联

设定好焊接信号以后，需要将焊接信号与弧焊系统参数相关联，弧焊系统就会自动处理关联好的信号，如起弧信号，由此提高编程效率，并且系统在处理这些信号的时间控制上也会更加精准，因此焊接效果更好一些。

焊接信号的系统关联如表 6-10 所示。

名称: AoWeldingCurrent

双击一个参数以修改。

参数名称	值	1 到 6 共 19
Name	AoWeldingCurrent	
Type of Signal	Analog Output	
Assigned to Device	d651	
Signal Identification Label		
Device Mapping	0-15	
Category		
Access Level	Default	
Default Value	30	
Analog Encoding Type	Unsigned	
Maximum Logical Value	350	
Maximum Physical Value	10	
Maximum Physical Value Limit	10	
Maximum Bit Value	65535	
Minimum Logical Value	30	
Minimum Physical Value	0	
Minimum Physical Value Limit	0	
Minimum Bit Value	0	
Safe Level	DefaultSafeLevel	

图 6‑33 AoWeldingCurrent 模拟参数的设置

注：该图已将示教器中 3 个画面合并成一张图

名称: AoWeldingVoltage

双击一个参数以修改。

参数名称	值	1 到 6 共 19
Name	AoWeldingVoltage	
Type of Signal	Analog Output	
Assigned to Device	d651	
Signal Identification Label		
Device Mapping	16-31	
Category		
Access Level	Default	
Default Value	12	
Analog Encoding Type	Unsigned	
Maximum Logical Value	40.2	
Maximum Physical Value	10	
Maximum Physical Value Limit	10	
Maximum Bit Value	65535	
Minimum Logical Value	12	
Minimum Physical Value	0	
Minimum Physical Value Limit	0	
Minimum Bit Value	0	
Safe Level	DefaultSafeLevel	

图 6‑34 AoWeldingVoltage 模拟参数的设置

注：该图已将示教器中 3 个画面合并成一张图

表 6 - 10　焊接信号与系统关联

类　　型	参数名称	参数说明	I/O信号
弧焊设备模拟量输出 （Arc EquipmentAnalogue Outputs）	VoltReference CurrentReference	电压模拟参考量 电流模拟参考量	AoWeldingVoltage AoWeldingCurrent
弧焊设备数字量输出 （Arc EquipmentDigital Outputs）	GasOn WeldOn FeedOn	气体打开参数 起弧参数 送丝参数	doGasOn doWeldOn doFeedOn
弧焊设备数字量输入 （Arc EquipmentDigital Inputs）	ArcEst	起弧检测参数	diArcEst

系统关联在示教器控制面板 Process 上进行配置，下面对弧焊信号进行系统关联。在示教器菜单界面，打开"控制面板"→"配置"→"Process"，如图 6 - 35 所示。

图 6 - 35　选择主题"Process"

1）电压模拟参考量 VoltReference 关联到 AoWeldingVoltage 信号

如图 6 - 36 所示，选中"Arc Equipment Analogue Outputs"，并选择"显示全部"。

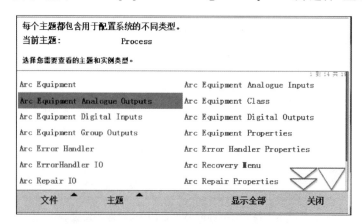

图 6 - 36　设置 Arc Equipment Analogue Outputs

如图 6－37 所示界面,目前信号类型为"Arc Equipment Analogue Outputs",选中"stdIO_T_ROB1"并单击"编辑"。

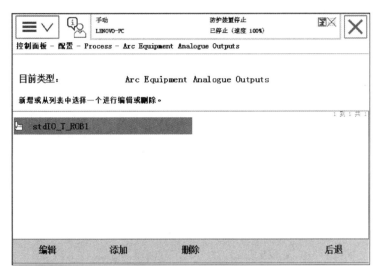

图 6－37　Arc Equipment Analogue Outputs 界面

如图 6－38 所示,选中电压参考"VoltReference"并双击。

图 6－38　选择 VoltReference

如图 6－39 所示,选中模拟量电压参考"AoWeldingVoltage"并单击"确定"。

这样就将电压模拟参考量 VoltReference 关联到 AoWeldingVoltage 信号上,如图6－40所示。

2)电流模拟参考量 CurrentReference 关联到 AoWeldingCurrent 信号

在图 6－41 中,选中电流模拟参考量"CurrentReference"并双击。出现如图 6－42 所示界面。

图 6 - 39　选择 AoWeldingVoltage

图 6 - 40　VoltReference 关联到 AoWeldingVoltage

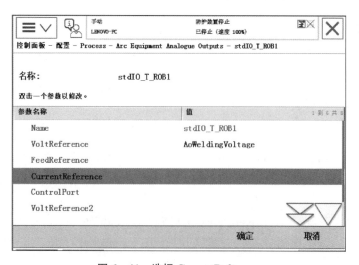

图 6 - 41　选择 CurrentReference

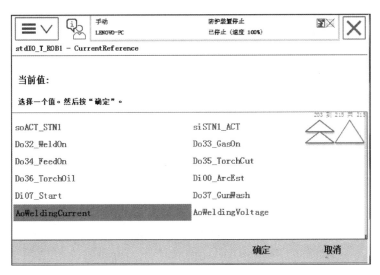

图 6-42 选择 AoWeldingCurrent

在图 6-42 中选中电流模拟参考量"AoWeldingCurrent"并单击"确定",将电流模拟参考量 CurrentReference 关联到 AoWeldingCurrent 信号上,如图 6-43 所示。

图 6-43 CurrentReference 关联到 AoWeldingCurrent

当电流模拟参考量 CurrentReference 关联到 AoWeldingCurrent 信号后,先不重新启动,继续关联数字输出信号。

3)关联数字输出信号 Arc Equipment Digital Outputs

接着设置数字输出信号,在图 6-44 所示界面,选择"后退",如图 6-45 所示。

在图 6-45 中,选择"Arc Equipment Digital Outputs",并选中"显示全部"如图 6-46 所示。

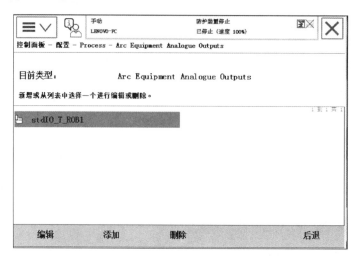

图 6-44 Arc Equipment Analogue Outputs 界面

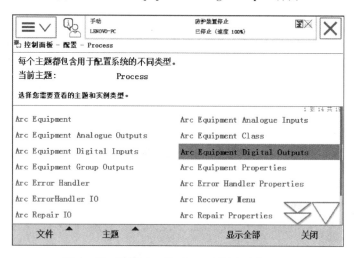

图 6-45 设置 Arc Equipment Digital Outputs

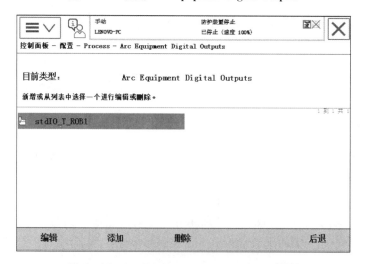

图 6-46 Arc Equipment Digital Outputs 界面

在图 6-47 中,双击起弧信号"WeldOn",选择"Do32_WeldOn",并单击"确定"。完成设置起弧信号。

图 6-47　关联起弧信号

在图 6-48 中,双击送丝信号"FeedOn",选择"Do34_FeedOn",并单击"确定",完成设置送丝信号。

在图 6-49 中,双击送气信号"GasOn",选择"Do33_GasOn",并单击"确定",完成设置送气信号。

当送气信号设置好后,单击"确定",选择不重启。

4) 关联数字输入信号 Arc Equipment Digital Inputs

如图 6-50 所示,选择"后退",进行数字输入信号设置,如图 6-51 所示。

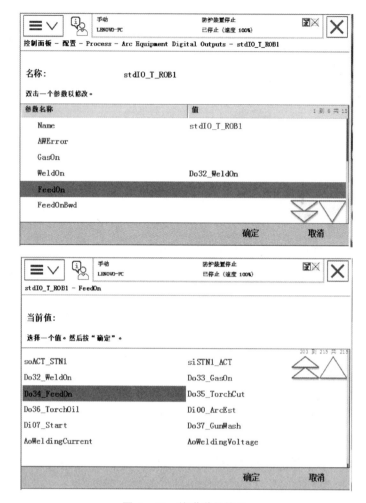

图 6-48 关联送丝信号

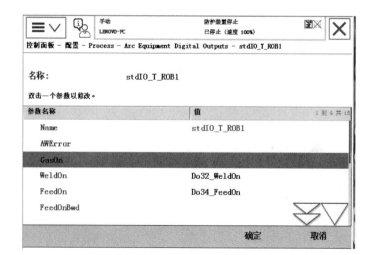

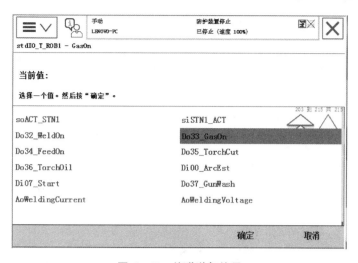

图 6－49　关联送气信号

图 6－50　Arc Equipment Digital Outputs 界面

图 6－51　设置 Arc Equipment Digital Inputs

在图 6-51 中选中"Arc Equipment Digital Inputs",单击"显示全部",如图 6-52 所示。

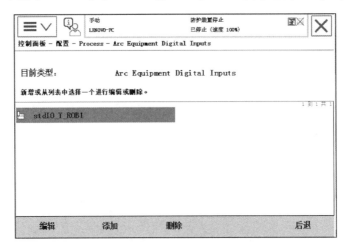

图 6-52　Arc Equipment Digital Inputs 界面

在图 6-52 中,接着选择"编辑",如图 6-53 所示,双击起弧信号"ArcEst",选择"Di00_

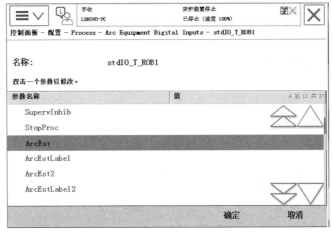

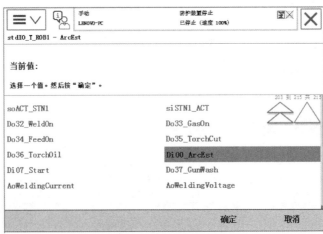

图 6-53　关联起弧信号

ArcEst",并单击"确定"。

这样,信号全部关联后,就可以重新启动控制器了。

4．坐标系设置

在 XM6_AW 弧焊工作站中,焊枪 tWeldGun 已经装好,焊枪的坐标系如图 6-54 所示。读者可以进入"程序数据",找到"tooldata"进行查看。

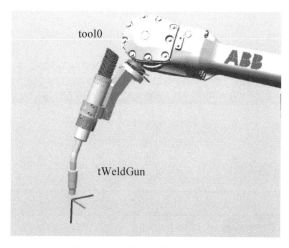

图 6-54 焊接工具 tWeldGun

5．示教目标点

本项目中示教的目标点主要有：工作原点、焊接位置点以及清枪位置点。由于工作站中含有外轴,所以示教时需要把外轴激活,这样示教的目标点就包含外轴数据了。

首先进入手动操纵界面,如图 6-55 所示,并单击"机械单元"查看工作站中的机械单元启动情况。

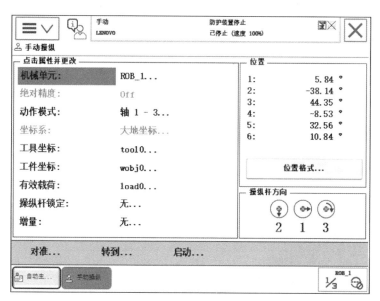

图 6-55 手动操纵界面

当前机械单元情况如图 6－56 所示，机器人处于启动状态，变位机 STN1 处于停止状态，因此要激活变位机单元。

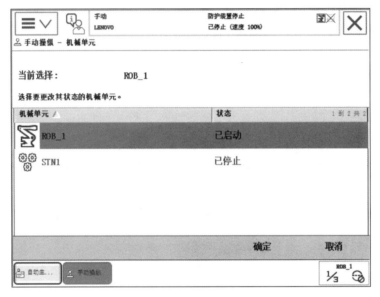

图 6－56　机械单元状态

在图 6－56 中，选中 STN1，并单击"确定"，进入 STN1 机械单元的手动操纵界面，如图 6－57所示。单击"启动"，进入图 6－58 所示的启动界面，单击"启动"，将 STN1 激活。

图 6－57　STN1 机械单元手动操纵界面

图 6‑58　激活 STN1 机械单元

通过操作示教器示教机器人及变位机,使变位机和机器人运行至焊接工作原点 p10,位置如图 6‑59 所示。

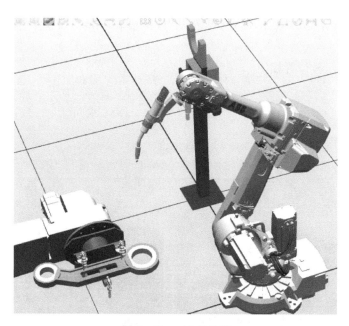

图 6‑59　p10 点位置

手动操纵使机器人位于工作原点,具体位置可由读者确定,大致如图 6‑59 所示。将示教器"手动操纵"界面中的机械单元切换为"STN1",电机开启状态下,操作摇杆,单轴运动方式下,将变位机的 2 个关节移动至 1 轴 90°、2 轴 0°,如图 6‑60 所示。

图 6‑60　变位机操作

机器人和变位机工作原点位置确定后,将该点定义为 p10,此时工作原点即示教完成。该原点中包含外轴的位置信息。

本项目案例程序只焊接了图 6‑61 中由 a、b、c、d、e 组成的焊缝,下面依次示教焊接位置点:a 点位置 pAW_10、b 点位置 pAW_20、c 点位置 pAW_30、d 点位置 pAW_40 和 e 点位置 pAW_50。

(1) pAW_10 示教位置如图 6‑62 所示。

图 6‑61　示教点的位置

图 6‑62　pAW_10 点位置

（2）pAW_20 示教位置如图 6－63 所示。

（3）pAW_30 示教位置如图 6－64 所示。

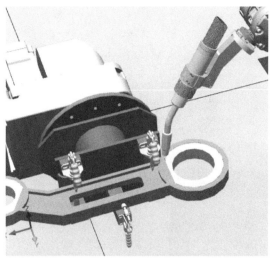

图 6－63　pAW_20 点位置　　　　　　　图 6－64　pAW_30 点位置

（4）pAW_40 示教位置如图 6－65 所示。

（5）pAW_50 示教位置如图 6－66 所示。

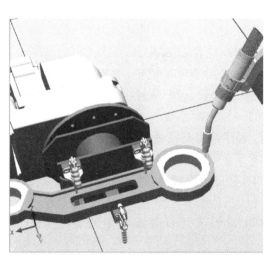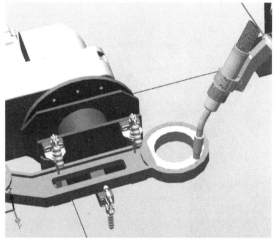

图 6－65　pAW_40 点位置　　　　　　　图 6－66　pAW_50 点位置

机器人弧焊该焊缝时，从 pAW_10 点开始，经过 pAW_20、pAW_30、pAW_40、pAW_50 点，最后回到 pAW_10 点，走完一个完整的直线和圆弧轨迹路线。

6.清枪位置点示教

1）pGunWash 点

pGunWash 是清洁焊渣位置，机器人焊接结束运行到清洁焊渣位置，清除焊渣，如

图 6-67 所示。

2）喷雾位置点 pGunSpary

pGunSpary 是喷雾位置，清洁焊渣后机器人运行到喷雾位置，喷雾装置开始对机器人进行喷雾，如图 6-68 所示。

图 6-67　焊渣清洁位置

图 6-68　喷雾位置

图 6-69　剪丝位置

3）剪丝位置 pFeedCut

pFeedCut 是剪丝位置，喷雾完成后机器人运行到剪丝位置，剪丝装置将焊丝剪切到最佳长度，如图 6-69 所示。

7. 程序编写与调试

1）工艺要求

（1）在进行焊接示教时，控制焊枪姿态尽量满足焊接工艺要求。

（2）机器人运行焊缝转角处轨迹应平缓流畅。

（3）焊丝与工件边缘尽量贴近，且不能与工件接触或刮伤工件表面。

2）控制流程图

为了方便读者编写程序，可以参考程序流程图，如图 6-70 所示。

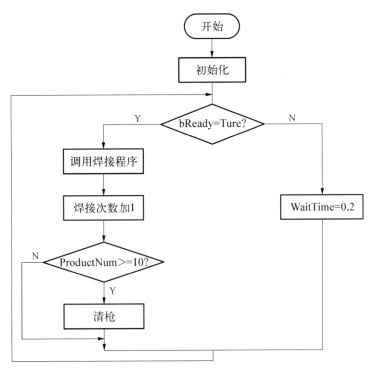

图 6 - 70　弧焊工作站控制流程图

3）建立例行程序

新建 MainModule 模块，在 MainModule 中新建 main、rInitAll、rArcWeld、rTorchClean 例行程序。其中 main 为主程序、rInitAll 为初始化程序、rArcWeld 为焊接程序、rTorchClean 为清枪程序。

4）编写各例行程序

（1）主程序 main：完成焊接的整体功能，如下所示。

```
PROC main()
    ActUnit STN1；
    MoveJ phome，v1000，z50，tool0；
    MoveJ p10，v1000，z50，tool0；
    rInitAll；
    WHILE TRUE DO
        IF bReady THEN
            rArcWeld；
            ProductNum ：= ProductNum ＋ 1；
            IF ProductNum ＞= 10 THEN
                rTorchClean；
            ENDIF
        ELSE
```

```
                WaitTime 0.2;
            ENDIF
        ENDWHILE
        DeactUnit STN1;
    ENDPROC
```

（2）初始化程序 rInitAll：完成机器人第一次清枪，设置中断等操作。

```
PROC rInitAll()
    AccSet 70，70;
    VelSet 100，2000;
    IDelete iStart;
    CONNECT iStart WITH IntStart;
    ISignalDI di07_iStart，1，iStart;
    rTorchClean;
    bReady ：= FALSE;
    ENDPROC
```

（3）清枪程序 rTorchClean：完成焊枪清渣、喷雾、剪焊丝三个动作。

```
PROC rTorchClean()
        MoveJ offs(pGunWash,0,0,100)，v1000，z50，tWeldGun;
        MoveJ pGunWash，v200，fine，tWeldGun;
         Set Do37_GunWash;
        WaitTime 2;
        Reset Do37_GunWash;
        MoveJ offs(pGunWash,0,0,100)，v200，z50，tWeldGun;
        MoveJ offs(pGunSpary,0,0,100)，v1000，z50，tWeldGun;
         MoveJ pGunSpary，v200，fine，tWeldGun;
        Set Do36_TorchOil;
         WaitTime 2;
        Reset Do36_TorchOil;
        MoveJ offs(pGunSpary,0,0,100)，v200，z50，tWeldGun;
        MoveJ offs(pFeedCut,0,0,100)，v1000，z50，tWeldGun;
         MoveJ pFeedCut，v200，fine，tWeldGun;
        Set Do35_TorchCut;
         WaitTime 2;
        Reset Do35_TorchCut;
        MoveJ offs(pFeedCut,0,0,100)，v200，z50，tWeldGun;
         MoveJ p10，v1000，fine，tool0;
        ProductNum ：= 0;
    ENDPROC
```

（4）焊接程序 rArcWeld：完成焊缝焊接。

```
PROC rArcWeld()
    MoveJ Offs(pAW10,0,0,100)，v1000，z50，tWeldGun；
    ArcLStart pAW10，v1000，seamL，weldL，fine，tWeldGun；
    ArcL pAW20，v1000，seamL，weldL，z1，tWeldGun；
    ArcC pAW30，pAW40，v1000，seamC，weldC，z1，tWeldGun；
    ArcCEnd pAW50，pAW10，v1000，seamC，weldC，z1，tWeldGun；
    MoveL Offs(pAW10,0,0,0)，v1000，fine，tWeldGun；
    bReady ：= FALSE；
    MoveJ p10，v1000，z50，tool0；
ENDPROC
```

（5）中断程序 IntStart：更换工件后，利用中断对 bReady 标志赋值，以便启动设备。

```
TRAP IntStart
    bReady ：= TRUE；
    TPErase；
    TPWrite "Arc Wekding is ready!"；
ENDTRAP
```

5）弧焊工作站完整参考程序

```
MODULE MainModule
  PERS tooldata tWeldGun：=[TRUE,[[101.922,0,415.29],[0.93358,0,0.358368,0]],
[3,[0,0,100],[0,1,0,0],0,0,0]]；
    CONST robtarget phome：=[[479.03,0.00,1571.47],[0.435701,−2.68248E−08,
0.900091,−1.29849E−08],[0,0,−1,0],[9E+09,−0.00601791,0.00378629,9E+09,
9E+09,9E+09]]；
    CONST robtarget p10：=[[479.03,0.00,1571.47],[0.435701,−2.68248E−08,
0.900091,−1.29849E−08],[0,0,−1,0],[9E+09,96.9538,0.00378579,9E+09,9E+09,
9E+09]]；
    CONST robtarget pAW10：=[[846.95,124.72,624.84],[0.0841973,7.86338E−08,
0.996449,−5.45334E−08],[0,−1,0,0],[9E+09,96.9538,0.00378579,9E+09,9E+09,
9E+09]]；
    CONST robtarget pAW20：=[[846.95,28.99,636.52],[0.0841972,1.1055E−07,
0.996449,−1.11462E−08],[0,−1,0,0],[9E+09,96.9538,0.00378579,9E+09,9E+09,
9E+09]]；
    CONST robtarget pAW30：=[[767.30,−6.97,640.91],[0.0841974,9.21472E−08,
0.996449,−2.26299E−08],[−1,0,−1,0],[9E+09,96.9538,0.00378579,9E+09,9E+
09,9E+09]]；
    CONST robtarget pAW40：=[[695.64,52.25,633.69],[0.0841975,1.19343E−07,
0.996449,−2.27705E−09],[0,−1,0,0],[9E+09,96.9538,0.00378579,9E+09,9E+09,
```

9E+09]];

CONST robtarget pAW50：=[[731.49,148.15,621.99],[0.0841975,1.4208E-07,0.996449,1.4016E-08],[0,-1,0,0],[9E+09,96.9538,0.00378579,9E+09,9E+09,9E+09]];

TASK PERS seamdata seamL：=[1,0.5,[0,0,0,0,0,0,0,0,0,0],0,0,0,0,0,[0,0,0,0,0,0,0,0,0],0,0,[0,0,0,0,0,0,0,0,0],0,0,[0,0,0,0,0,0,0,0,0],0.5];

TASK PERS welddata weldL：=[10,0,[0,0,0,0,0,0,0,0,0,0],[0,0,0,0,0,0,0,0,0]];

TASK PERS seamdata seamC：=[0,0,[0,0,0,0,0,0,0,0,0,0],0,0,0,0,0,[0,0,0,0,0,0,0,0,0],0,0,[0,0,0,0,0,0,0,0,0],0,0,[0,0,0,0,0,0,0,0,0],0];

TASK PERS welddata weldC：=[10,0,[0,0,0,0,0,0,0,0,0,0],[0,0,0,0,0,0,0,0,0]];

PERS num ProductNum：=0;

VAR bool bReady：=FALSE;

VAR intnum iStart：=0;

CONST robtarget pGunWash：=[[0.76,-1040.70,1150.26],[5.76282E-08,-0.741732,-0.670696,-4.072E-07],[-1,-1,0,0],[9E+09,96.9538,0.00378579,9E+09,9E+09,9E+09]];

CONST robtarget pGunSpary：=[[81.70,-1018.46,912.50],[3.31807E-07,-0.741732,-0.670696,-2.88943E-07],[-1,-1,0,0],[9E+09,96.9538,0.00378579,9E+09,9E+09,9E+09]];

CONST robtarget pFeedCut：=[[4.75,-746.08,869.50],[2.07094E-07,-0.741732,-0.670696,-8.87653E-07],[-1,-1,0,0],[9E+09,96.9538,0.00378579,9E+09,9E+09,9E+09]];

CONST robtarget pGunWash10：=[[4.75,-746.08,869.50],[2.07094E-07,-0.741732,-0.670696,-8.87653E-07],[-1,-1,0,0],[9E+09,96.9538,0.00378579,9E+09,9E+09,9E+09]];

CONST robtarget pGunSpary10：=[[4.75,-746.08,869.50],[2.07094E-07,-0.741732,-0.670696,-8.87653E-07],[-1,-1,0,0],[9E+09,96.9538,0.00378579,9E+09,9E+09,9E+09]];

```
PROC main()
  ActUnit STN1；
  MoveJ phome，v1000，z50，tool0；
  MoveJ p10，v1000，z50，tool0；
  rInitAll；
  WHILE TRUE DO
      IF bReady THEN
          rArcWeld；
```

```
            ProductNum : = ProductNum + 1;
            IF ProductNum >= 10 THEN
                    rTorchClean;
            ENDIF
        ELSE
            WaitTime 0.2;
        ENDIF
    ENDWHILE
    DeactUnit STN1;
ENDPROC
PROC rArcWeld()
    MoveJ Offs(pAW10,0,0,100), v1000, z50, tWeldGun;
    ArcLStart pAW10, v1000, seamL, weldL, fine, tWeldGun;
    ArcL pAW20, v1000, seamL, weldL, z1, tWeldGun;
    ArcC pAW30, pAW40, v1000, seamC, weldC, z1, tWeldGun;
    ArcCEnd pAW50, pAW10, v1000, seamC, weldC, z1, tWeldGun;
    MoveL Offs(pAW10,0,0,0), v1000, fine, tWeldGun;
    bReady : = FALSE;
    MoveJ p10, v1000, z50, tool0;
ENDPROC
PROC rInitAll()
    AccSet 70, 70;
    VelSet 100, 2000;
    IDelete iStart;
    CONNECT iStart WITH IntStart;
    ISignalDI di07_iStart, 1, iStart;
    rTorchClean;
    bReady : = FALSE;
ENDPROC
TRAP IntStart
    bReady : = TRUE;
    TPErase;
    TPWrite "Arc Wekding is ready!";
ENDTRAP
PROC rTorchClean()
    MoveJ offs(pGunWash,0,0,100), v1000, z50, tWeldGun;
    MoveJ pGunWash, v200, fine, tWeldGun;
        Set Do37_GunWash;
```

```
WaitTime 2；
Reset Do37_GunWash；
MoveJ offs(pGunWash,0,0,100)，v200，z50，tWeldGun；
MoveJ offs(pGunSpary,0,0,100)，v1000，z50，tWeldGun；
    MoveJ pGunSpary，v200，fine，tWeldGun；
Set Do36_TorchOil；
    WaitTime 2；
Reset Do36_TorchOil；
MoveJ offs(pGunSpary,0,0,100)，v200，z50，tWeldGun；
MoveJ offs(pFeedCut,0,0,100)，v1000，z50，tWeldGun；
    MoveJ pFeedCut，v200，fine，tWeldGun；
Set Do35_TorchCut；
    WaitTime 2；
Reset Do35_TorchCut；
MoveJ offs(pFeedCut,0,0,100)，v200，z50，tWeldGun；
    MoveJ p10，v1000，fine，tool0；
ProductNum：＝0；
    ENDPROC
ENDMODULE
```

6）仿真运行

为能仿真运行,首先在 Robotware Arc 中,将焊接锁定,如图 6-71 所示。

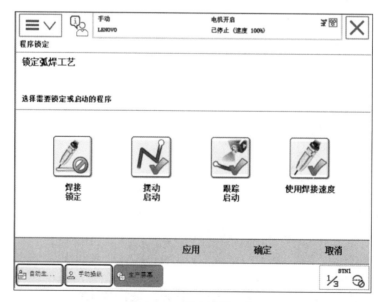

图 6-71 锁定弧焊工艺

在 RobotStudio 中的"仿真"菜单中单击"播放"按钮,如图 6－72 所示,即可启动仿真运行,观察弧焊工作站的运行情况。若想停止工作站运行,则单击"仿真"菜单中的"停止",机器人工作站则停止运行。

图 6－72 机器人工作站仿真运行

当仿真运行完成之后,可以重置工作站,机器人等全部复位。复位:只可复位至上一次开始前的状态。选择"仿真"菜单中的"重置",单击"InitStatus"即可复位,如图 6－73 所示。

图 6－73 恢复初始操作状态

拓展练习

完成图 6－74 中焊缝 1 的焊接后,读者可自行完成焊缝 2 的焊接。

然后翻转变位机,使变位机 2 个轴的位置变为 1 轴 90°、2 轴 180°。接着完成图 6－75 中焊缝 3 和焊缝 4 的焊接。

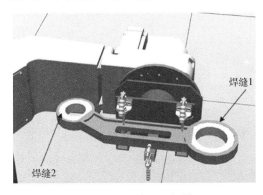

图 6－74 焊缝 1 和焊缝 2

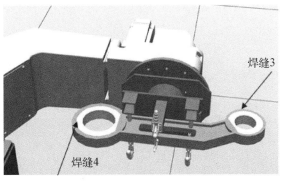

图 6－75 焊缝 3 和焊缝 4

 项目小结

通过 XM6_AW 焊接工作站的创建,学习了基本焊接指令,依次完成了弧焊工作站 I/O 信号的配置、I/O 信号与弧焊系统的关联、程序数据的创建、目标点示教、程序编写及仿真调试。通过弧焊机器人的应用,学习工作站弧焊程序的编写要点和技巧。在 XM6_AW 工作站中,只模拟了一个焊缝的弧焊过程,读者可以尝试其余焊缝的焊接过程,巩固所学的知识点。

并联机器人分拣工作站应用

 任务目标

（1）了解并联分拣机器人。

（2）掌握 DSQC377B 的使用及输送链直线追踪原理。

（3）掌握输送链相关参数设置。

（4）掌握分拣机器人工作站程序编写与调试。

 并联机器人分拣工作站

并联机器人也称为 Delta 机器人，并联机器人分拣工作站如图 7-1 所示，主要包括 Delta 机器人本体、高强度机架、执行末端真空单元、输送链、定位单元等。Delta 分拣机器人工作站，通过线性追踪、圆弧追踪、视觉追踪等方式捕捉目标物体，由四个并联的伺服轴确定抓具中心的空间位置，实现目标物体的快速拾取、分拣、装箱、搬运等操作。并联机器人分拣工作站主要应用于乳品、食品、药品、日用品和电子产品物流快递等行业，具有重量轻、体积小、速度快、定位精、成本低、效率高等特点。

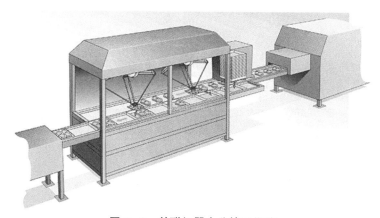

图 7-1 并联机器人分拣工作站

ABB IRB360 并联机器人主要有以下几种类型,如图 7-2 所示。

Compactness紧凑型
800 mm/1 kg

Speed速度型
1 130 mm/1 kg

Throughput高生产能力型
1 130 mm/3 kg

Stainless不锈钢版

Reach大工作域型
1 600 mm/1 kg

High payload高负载型
1 600 mm/6 kg
1 130 mm/8 kg

图 7-2　ABB IRB360 并联机器人

 任务描述

分拣工作站如图 7-3 所示,采用输送链追踪技术实现糕点的分拣,IRB360 机器人从糕点输送链上动态拾取糕点,并按照顺序将糕点摆放至产品盒输送链上的产品盒中,然后由传送带传送至下一工位。糕点输送链为追踪线,连续运行,产品盒输送链为定点位置,间隙运行,每当产品盒输送链接收到一次有效触发信号便移动一个工位距离,将产品盒移动至固定的装盒位置。

图 7-3　分拣机器人工作站

知识准备

1.输送链直线追踪原理

输送链跟踪组成如图 7-4 所示。在传统的输送链基础上,加装一个编码器和一个检测物料的传感器,编码器和传感器均与机器人系统中的输送链跟踪板卡 DSQC377B 连接,当物料经过输送链上的传感器后,输送链跟踪板卡接收到一次有效的上升沿脉冲,将当前对应的物料作为跟踪对象加入跟踪队列中,并且记录当前的脉冲数值,随后,该物料进入机器人工作范围内,当之前进入跟踪队列的物料被处理完后,机器人获取此物料的相关跟踪信息,根据当前的脉冲数值以及进入跟踪队列瞬间的脉冲数值,计算出相关

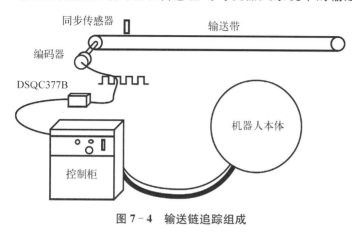

图 7-4　输送链追踪组成

差值,同时根据脉冲值与输送链运行距离和速度的关系,反推出此物料在输送链上面的位置及运动速度,从而实现跟随拾取过程,完成对该物料的动态拾取。机器人系统必须拥有输送链跟踪功能,一个输送链跟踪板卡对应一条需要跟踪的输送链。

2.输送链追踪板

DSQC377B 是一块输送链追踪板,如图 7-5 所示,提供编码器和同步传感器接口。编码器安装在输送链上用于同步输送链的运动,同步传感器数字输入信号作为传送带的同步点。X3 端口为备用 24 V 电源接口,X5 端口是 DeviceNet 总线接口,X20 端口为输送链追踪端口,如表 7-1 所示。接线图如图 7-6 所示。

表 7-1　X20 端口说明

端口号	说　　明
1	24 V 电源
2	0 V 电源
3	编码器 24 V 电源接线端
4	编码器 0 V 电源接线端
5	编码器 A 相接线端
6	编码器 B 相接线端
7	同步传感器 24 V 接线端
8	同步传感器 0 V 接线端
9	同步传感器信号接线端
10～16	备用

图 7-5　DSQC377B 追踪板

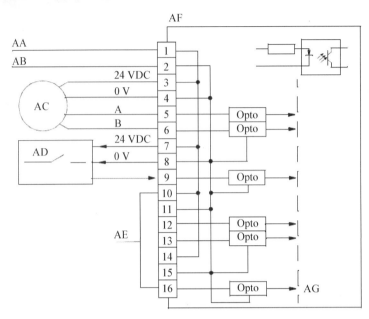

图 7 - 6　DSQC377B 接线图

AA—电源 24 V 端；AB—电源 0 V 端；AC—编码器；AD—同步传感器；
AE—备用端口；AF—接口；AG—光电隔离端口

3. 编码器

旋转编码器是用来测量转速的装置（见图 7 - 7）。技术参数主要有每转脉冲数、输出方式和供电电压等。双路输出的旋转编码器输出两组相位差 90 度的脉冲 A 和脉冲 B，通过这两组脉冲不仅可以测量转速，还可以判断旋转的方向。由于 A、B 两相脉冲相差 90°，可通过比较 A 相在前还是 B 相在前，以判别编码器的正转与反转。

图 7 - 7　编码器

编码器以每旋转 360°提供多少条通或暗刻线称为分辨率，也称为解析分度或直接称多少线，一般每转分度 100～10 000 线。

信号输出：信号输出有正弦波（电流或电压）、方波（TTL、HTL）、集电极开路（PNP、NPN）。

本项目中，所使用的编码器为 PNP 类型，电流范围为 50～100 mA，电压范围为 10～30 V。对编码器脉冲频率要求输送链运行 1 m 时，输出的脉冲数在 1 250～2 500。追踪时，DSQC377B 会同时采集编码器 A 相、B 相上升沿和下降沿个数，一个周期采集 4 个有效计数信号，即当输送链运行 1 m 时，采集到的技术信号个数在 5 000～10 000，少于 5 000 会影响机器人追踪精度，多于 10 000 也不会提高追踪精度。

4. DSQC377B 追踪板工作过程

如图 7 - 8 所示，工件 1～7 在输送链上由左向右传送。工件经过同步传感器 A 时产生一个脉冲信号，工件进入追踪队列，追踪队列的长度取决于队列追踪长度的设置，图中追踪长度为 F,图中工件 5 和 6 在追踪队列中,超过追踪长度后,则进入启动窗口 D,启动窗口中的工件 3 和 4 等待机器人处理,如机器人在完成正在处理的工件 1 后准备处理下一个工件时,工件已超过启动窗口,如工件 2,则工件 2

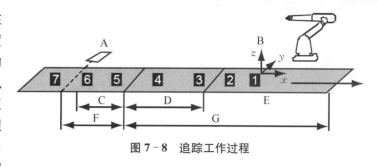

图 7-8 追踪工作过程

则被丢弃不会被处理,机器人会直接处理在启动窗口中的工件。图 7-8 中各参数名称及说明如表 7-2 所示。工件 1~7 追踪状态说明如表 7-3 所示。

表 7-2 追踪区域说明

项目	名 称	说 明
A	同步传感器	产生同步信号
B	移动式工件坐标	工件坐标
C	最小距离 (minimum distance)	机器人可执行跟踪处理的最小距离,主要用于输送链反向运行时,机器人可追踪的距离极限
D	启动窗口长度 (StartWinWidth)	划定机器人可启动工艺处理的区域,位于该区域内的工件可被机器人连接并进行工艺处理
E	工作区域	机器人工作区域
F	队列追踪长度 (QueueTrkDist)	表示同步传感器与输送链坐标系原点(0,0)位置之间的距离,当同步传感器距离机器人工作范围起始边界较远时,可以通过设置此参数大小,从而使得(0,0)离机器人较近,系统默认值为 0,即(0,0)与同步传感器位置重合
G	最大距离 (maximum distance)	机器人可执行跟踪处理的最大距离,机器人可追踪的距离极限

表 7-3 工件追踪状态说明

工 件	追踪状态说明
1	已被连接的工件
2	工件 1 正在处理,2 已位于启动窗口之外,1 被处理完成后,2 将不会被连接和处理
3、4	位于启动窗口中,1 被处理完成后,机器人将连接下一个位于启动窗口的工件,若连接时,3 仍在启动窗口,则 3 被连接
5、6	位于追踪队列中,通过同步传感器,已进入追踪队列,尚未进入启动窗口
7	尚未经过同步传感器,还未被追踪

5. 输送链追踪指令

共有 4 个(2 对)输送链追踪的指令,分别是:

ActUnit:接通与输送链的连接;

DeactUnit:断开与输送链的连接;

WaitWobj：等待输送链上的工件；

DropWobj：断开输送链上的工件。

输送链追踪编程主要包含连接输送链、等待输送链上的工件、输送链上追踪运行、断开输送链上的工件、最后断开输送链几个部分。以下是 1 个输送链追踪程序，CNV1 为输送链，wobjcnv1 为输送链移动工件坐标系。

ActUnit CNV1；

MoveJ pWait，v1000，fine，tool1\Wobj：＝wobj0；

WaitWobj wobjcnv1；

MovL p10，v1000，z10，tool\Wobj：＝wobjcnv1；

MovL p20，v1000，z10，tool\Wobj：＝wobjcnv1；

MovL p30，v1000，z10，tool\Wobj：＝wobjcnv1；

MovL p40，v1000，fine，tool\Wobj：＝wobjcnv1；

DropWobj wobjcnv1；

MoveJ pWait，v1000，fine，tool1\Wobj：＝wobj0；

DeactUnit CNV1；

 任务实施

打开 XM7_Picking_OK.exe 文件，如图 7 - 9 所示。了解本分拣工作站的组成，单击"播放"（"Play"）按钮，观看机器人工作站动作视频。

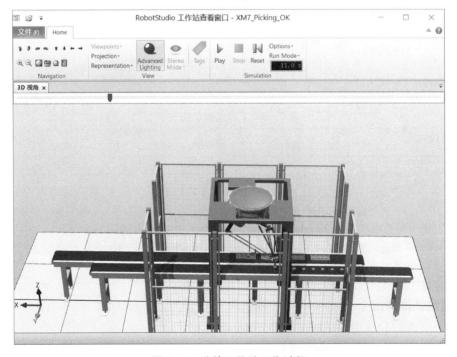

图 7 - 9　分拣工作站工作过程

1. 解压工作站

双击工作站压缩包文件"XM7_Picking.rspag",解压完成,如图 7-10 所示。

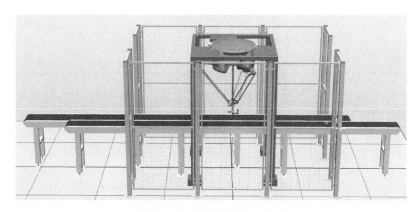

图 7-10　分拣机器人工作站

2. 设置 I/O 信号

1) DSQC652 通信板卡设置

工作站中配置了一个 DSQC377B 板卡以及相关的追踪信号,此外还配置了 DSQC652 通信板卡,其总线地址为 10。单击"示教器菜单"→"控制面板"→"配置"→"I/O"→ "DeviceNet Device",可以查看 DSQC652 通信板卡的设置,如图 7-11 所示。

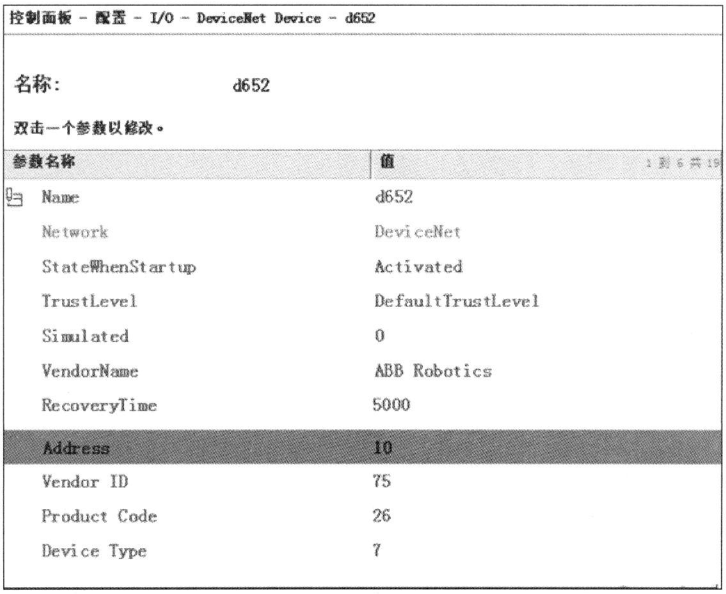

```
控制面板 - 配置 - I/O - DeviceNet Device - d652

名称:              d652

双击一个参数以修改。

参数名称                    值              1 到 6 共 19

   Name                    d652
   Network                 DeviceNet
   StateWhenStartup        Activated
   TrustLevel              DefaultTrustLevel
   Simulated               0
   VendorName              ABB Robotics
   RecoveryTime            5000
   Address                 10
   Vendor ID               75
   Product Code            26
   Device Type             7
```

图 7-11　d652 通信板

2) I/O 信号设置

本工作站需要设置 1 个输入信号和 2 个输出信号,如表 7-4 所示。

表 7－4　I/O 信号参数

Name	Type of Signal	Device Mapping	说　　　明
diBoxInPos	Digital Input	0	装盒到位检测
doVacuum	Digital Output	0	吸盘真空控制
doMoveBox	Digital Output	1	装盒输送链移动

在示教器中单击"菜单"→"控制面板"→"配置"→"I/O"→"Signal"，可以进行 I/O 信号的设置。

（1）diBoxInPos：数字输入信号，产品盒输送链装盒工位处的到位检测信号，信号为 1 时才允许机器人装盒，如图 7－12 所示。

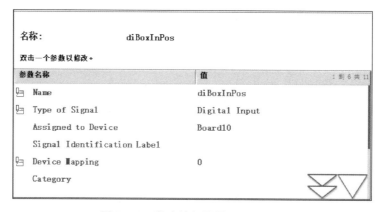

图 7－12　数字输入信号 diBoxInPos

（2）doVacuum：数字输出信号，吸盘工具真空气路的控制，通过此输出信号的控制从而进行拾取和放置工件，如图 7－13 所示。

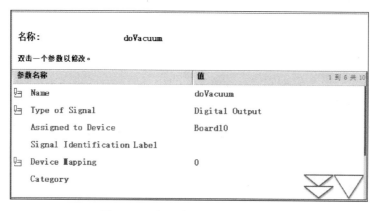

图 7－13　数字输出信号 doVacuum

（3）doMovBox：数字输出信号，当装盒工位处的产品盒被装满后，机器人通过端口发出脉冲信号给产品装盒输送链，输送链移动一个工位间隔，将下一个空盒移动至装盒工位，如图 7－14 所示。

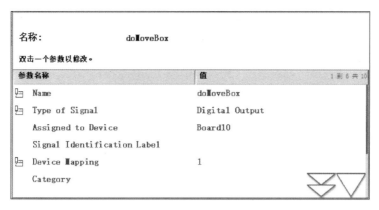

图 7‑14　数字输出信号 doMovBox

3. 设置坐标系及载荷数据

本项目中坐标系和载荷数据都已定义，只需要对其数值进行修改。

1）工具坐标系 tVacuum 的设置

工具坐标系 tVacuum 如图 7‑15 所示，坐标系原点相对于 tool0 来说沿着其 Z 轴正方向偏移 100 mm，X 轴、Y 轴、Z 轴方向不变，沿用 tool0 方向。

吸盘工具质量 0.2 kg，重心沿 tool0 坐标系 Z 轴方向偏移 60 mm。在示教器中，编辑工具数据确认各项数值，如表 7‑5 所示。

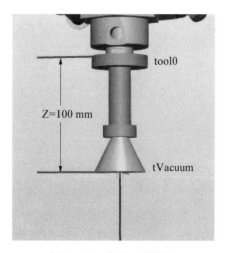

图 7‑15　夹爪工具数据

表 7‑5　工具坐标系数据

参 数 名 称	参 数 数 值	参 数 名 称	参 数 数 值
Robhold	TRUE	q3	0
trans		q4	0
X	0	mass	24
Y	0	cog	
Z	200	X	0
rot		Y	0
q1	1	Z	130
q2	0	其余参数均为默认值	

"trans"修改如图 7‑16 所示，"mass"和"cog"修改如图 7‑17 所示。

名称:	tVacuum		
点击一个字段以编辑值。			
名称	值	数据类型	2 到 7 共 26
robhold :=	TRUE	bool	
tframe:	[[0, 0, 100], [1, 0, 0, 0]]	pose	
trans:	[0, 0, 100]	pos	
x :=	0	num	
y :=	0	num	
z :=	100	num	

图 7 - 16 修改 trans 值

名称:	tVacuum		
点击一个字段以编辑值。			
名称	值	数据类型	13 到 18 共 26
tload:	[0.2, [0, 0, 60], [1, 0, 0,...	loaddata	
mass :=	0.2	num	
cog:	[0, 0, 60]	pos	
x :=	0	num	
y :=	0	num	
z :=	60	num	

图 7 - 17 修改 mass 和 cog 值

2）装盒工位处工件坐标系 WobjBox 的设置

装盒工位处工件坐标系 WobjBox 如图 7 - 18 所示。文件"XM8_Picking.rspag"中已建立了 WobjBox 工件坐标系，但并不正确，需要进行修改。

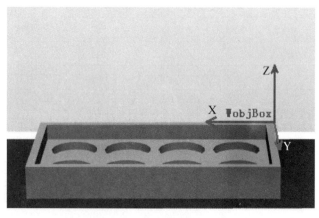

图 7 - 18 WobjBox 工件坐标

修改过程如下：

（1）在装盒工位处放置了一个用于示教位置的"产品盒_示教"，属性为隐藏。将其设为可见，选中"产品盒_示教"，在右击弹出的窗口中，选中"可见"，如图7-19所示。

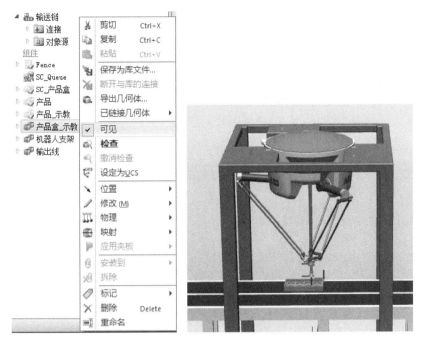

图7-19 设为可见

（2）打开wobjdata窗口，选中WobjBox工件坐标，如图7-20所示，在"编辑"菜单下，选择定位，对WobjBox工件坐标重新定义。

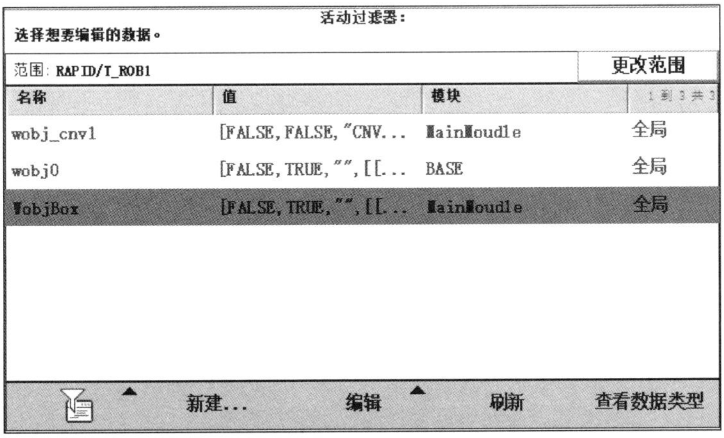

活动过滤器：			
选择想要编辑的数据。			
范围：RAPID/T_ROB1			更改范围
名称	值	模块	1到3共3
wobj_cnv1	[FALSE,FALSE,"CNV...	MainMoudle	全局
wobj0	[FALSE,TRUE,"",[[...	BASE	全局
WobjBox	[FALSE,TRUE,"",[[...	MainMoudle	全局
新建...	编辑	刷新	查看数据类型

图7-20 wobjdata窗口

（3）定义工件坐标WobjBox的三个点选择如图7-21所示。

（4）采用Freehand的手动线性 ⚙ 操作和捕捉中点 ↘、捕捉末端 ↘ 的方法对X1、X2和Y1进行定义，如图7-22~图7-24所示。

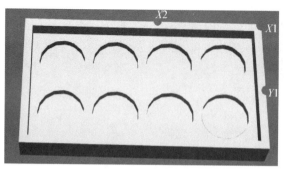

图 7‑21　工件坐标 **WobjBox** 的三个点选择

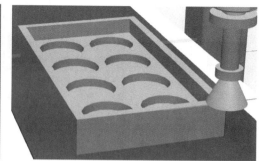

图 7‑22　**X1** 点的定义

图 7‑23　**X2** 点的定义

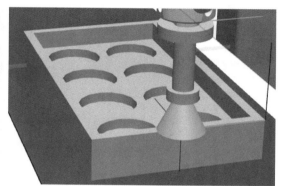

图 7‑24　**Y1** 点的定义

3）有效载荷数据

本项目中设置了 LoadEmpty 和 LoadFull 共 2 个载荷数据。LoadEmpty 作为空负载，其数据如图 7‑25 所示。LoadFull 为满载负载，其产品质量为 0.17 kg，重心相对于 tVacuum 来说沿着其 Z 轴正方向偏移了 10 mm。打开 loaddata 数据窗口，选中 LoadFull 负载数据，如图 7‑26 所示。

名称：	LoadEmpty		
点击一个字段以编辑值。			
名称	值	数据类型	1 到 6 共 14
LoadEmpty:	[0.001, [0, 0, 0.001], [1...	loaddata	
mass :=	0.001	num	
cog:	[0, 0, 0.001]	pos	
x :=	0	num	
y :=	0	num	
z :=	0.001	num	

图 7‑25　**LoadEmpty** 空负载

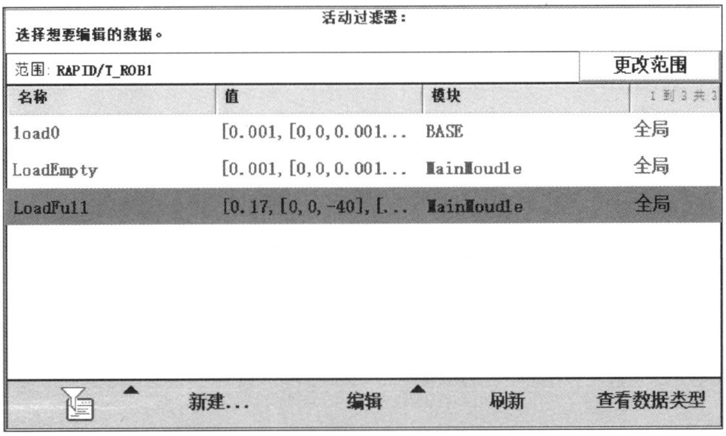

图 7 - 26　选中 LoadFull 负载

单击图 7 - 26"编辑"菜单中"更改值"选项,对其中的数值进行修改,如图 7 - 27 所示。

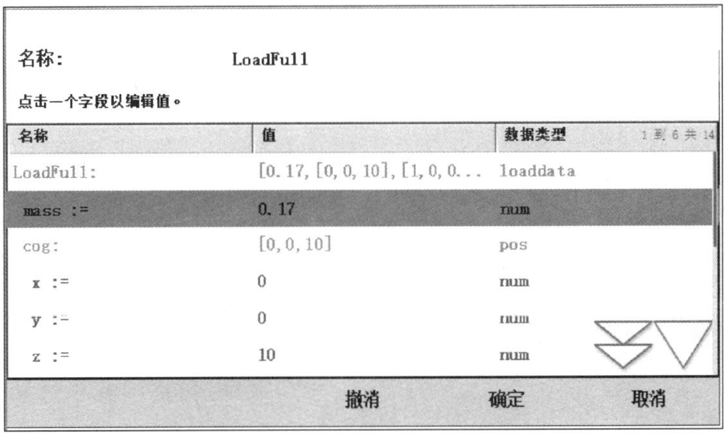

图 7 - 27　LoadFull 负载数据更改

4. 输送链追踪参数设置及校准

在真实应用过程中,需要进行输送链参数的设置和校准,才能正常使用,步骤如下:

(1) 机器人及外围设备安装到位,安装编码器及同步传感器。

(2) 参考图 7 - 6,正确将编码器、同步传感器与 DSQC377B 输送链追踪板卡进行连接。

(3) 校准编码器方向。

编码器、同步传感器安装完成后,需要验证编码器 A 相、B 相接线是否正确,保证输送链在运行过程中,机器人系统中识别到的位置数值是正向增大的,如果负向减小则需要调换 A 相与 B 相的接线顺序。

操作方法如下:打开示教器手动操纵画面,单击"机械单元",选择 CNV1,启动输送链,遮挡一下同步传感器或者放一个物料在输送链前端,使其通过同步传感器时触发一个同步信号,这样在示教器手动操作界面右上角的位置框中会实时显示当前物料的位置数据,如图 7 - 28 所示。

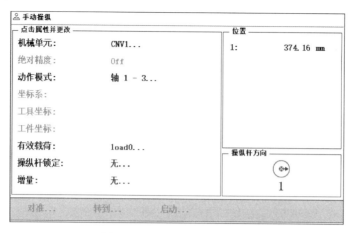

图 7 - 28　编码器正方向校正

观察数值的变化,如果该数值是正向增大的,则表示当前 A、B 两相的接线位置是正确的,如果发现该数值是负向减小的,则表示当前 A、B 两相的接线位置是错误的,需要调换。

(4) 校准 CountsPerMeter 参数。跟踪参数 CountsPerMeter 表示的是当输送链表面运

图 7 - 29　放置一个产品

行 1 m,跟踪板卡实际采集到的计数信号个数,此参数需要通过校准来获得当前值。操作方法如下:启动输送链,最好降低输送链运行速度,便于启停控制,并且查看示教器手动操纵画面中当前 CNV 的位置数值。当数值在 0 左右不停跳变之后,放置一个产品在输送链前端,如图 7 - 29 所示,使其随着输送链运行经过同步传感器,通过之后即可停止输送链运行,并且观察当前 CNV1 的位置数值,并记录下来。同时在物料所在输送链的位置做好标记,以方便后续的测量。

例如,当前 CNV1 的数值显示为 120.00 mm,如图 7 - 30 所示。物料停在图 7 - 31 所示的位置,则可在物料对应的输送链边框边缘用记号笔标记其当前所在位置。

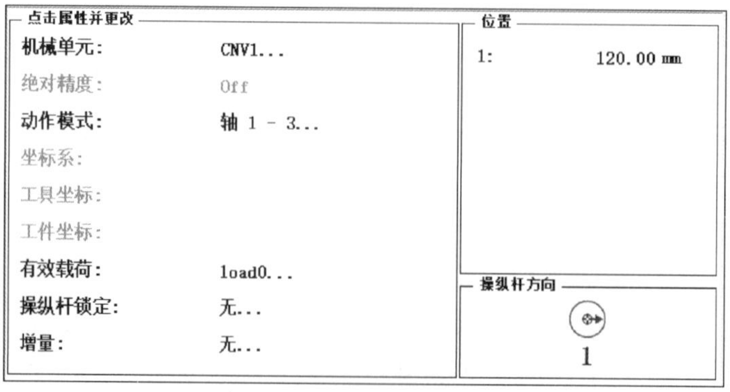

图 7 - 30　第 1 次停止时 CNV1 的值

完成上述步骤后,再次启动输送链,让输送链相对当前位置再向前运动超过 1 m 的距离,然后再次停止输送链的运行,观察示教器中 CNV1 数值。

例如,当前示教器中显示的 CNV1 位置数值为 780.00 mm,如图 7-32 所示。物料停止在图 7-33 所示位置,则可在物料对应的输送链边框边缘用记号笔标记好第二个位置,并用卷尺测量一下两个标记之间的实际距离,假设为 1 573 mm。

接着运用公式计算如下:

CountsPerMeter＝(第 2 次读取位置数值－第 1 次读取位置数值)×当前系统中 CountsPerMeters 数值/两标记之间实际测量值

图 7-31　第 1 次停止时工件位置

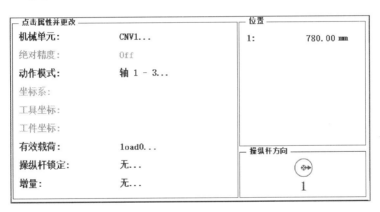

图 7-32　第 2 次停止时 CNV1 的值

图 7-33　第 2 次停止时工件位置

在 Robotware6.0 系统中,CountPerMeter 默认初始值为 20 000;在 RobotWare5.0 系统中,CountsPerMeter 默认初始值为 10 000。计算时,请先查看当前系统中 CountsPerMeter 的默认值,防止计算出错。

$$\text{CountsPerMeter} = (780-120) \times 20\,000/1\,573$$
$$= 8\,391.60$$

四舍五入,近似值为 8 392,建议反复测量几次,最后取平均值即可。

校准完此数值后,可将该数值输入示教器中,操作方法如下:

① 单击"示教器菜单"→"控制面板"→

"配置"→"I/O",双击"DeviceNet Command"如图 7 – 34 所示。

图 7 – 34　DeviceNet Command

② 双击图 7 – 35 中"CountsPerMeter1"进行编辑。

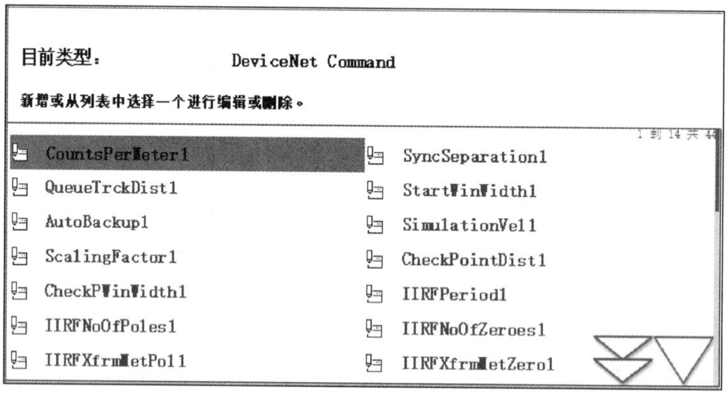

图 7 – 35　双击 CountsPerMeter1 参数

③ 将其中的 Value 更改为 8 392 即可,如图 7 – 36 所示。

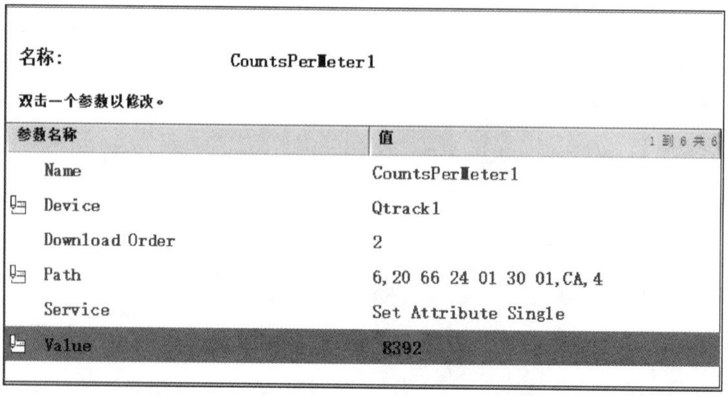

图 7 – 36　修改 CountsPerMeter1 的 Value

（5）设置输送链追踪参数。输送链需要设置的参数如表7-6所示。

表7-6　追踪参数

序　号	参　数	参数名称	单　位
1	QueueTrckDist	队列追踪长度	m
2	StartWinWidth	启动窗口长度	mm
3	SyncSeparation	同步间隔距离	m
4	max dist	最大距离	mm
5	min dist	最小距离	mm
6	adjustment speed	调节速度	mm/s

QueueTrckDist、StartWinWidth 和 SyncSeparation 设置在示教器中单击"菜单"→"控制面板"→"配置"→"I/O"→"DeviceNet Command"中进行。

工作站中同步传感器安装位置距离机器人运动范围较近，所以 QueueTrckDist 的值使用默认值0，如图7-37所示。

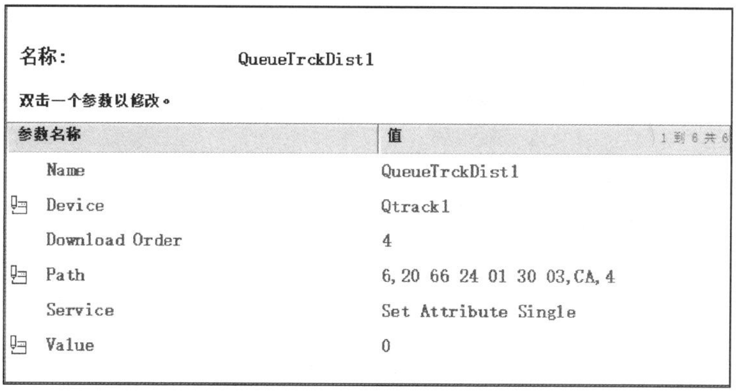

图7-37　QueueTrckDist 设置

根据 IRB360 的工作范围，将 StartWinWidth 的值设为 800 mm（RobotWare6.0 系统中单位为 mm），如图7-38所示。

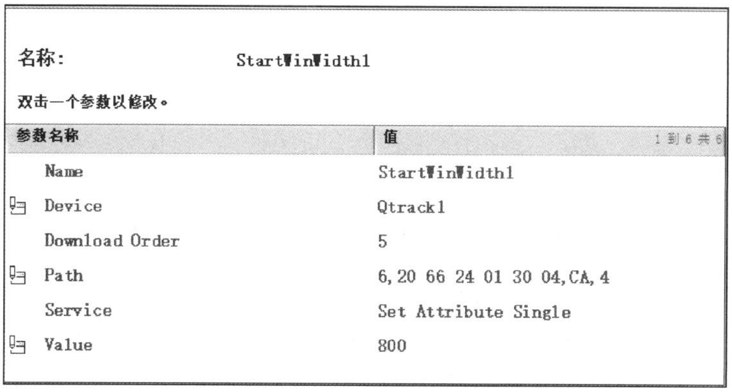

图7-38　StartWinWidth 设置

SyncSeparation 为连续 2 个物料之间的最小间距，间距小于设置值，则机器人只处理前一个物料，后一个不会被处理。项目中产品直径为 60 mm，则可以将 SyncSeparation 的值设为 0.07 m，如图 7-39 所示。

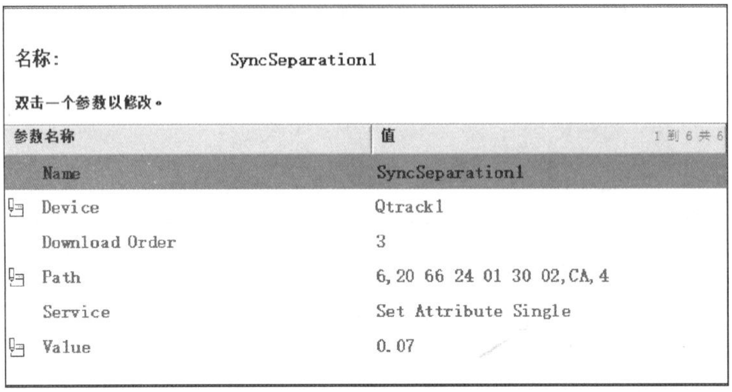

图 7-39 SyncSeparation 设置

max dist、min dist 、adjustment speed 的设置在"菜单"→"控制面板"→"配置"中的"Process"主题下。打开"Process"主题，如图 7-40 所示。

图 7-40 Process 主题窗口

选中并单击"Conveyor systems"，如图 7-41 所示。

选中并单击"CNV1"，如图 7-42 所示。

依次设置 adjustment speed、min dist 和 max dist 这三个参数，如图 7-43 所示。

所有参数设置完成后，重新启动使参数生效。

（6）定义输送链移动工件坐标系。在 wobjdata 窗口中，新建一个输送链移动工件坐标系 wobj_cnv1，各项属性如图 7-44 所示。

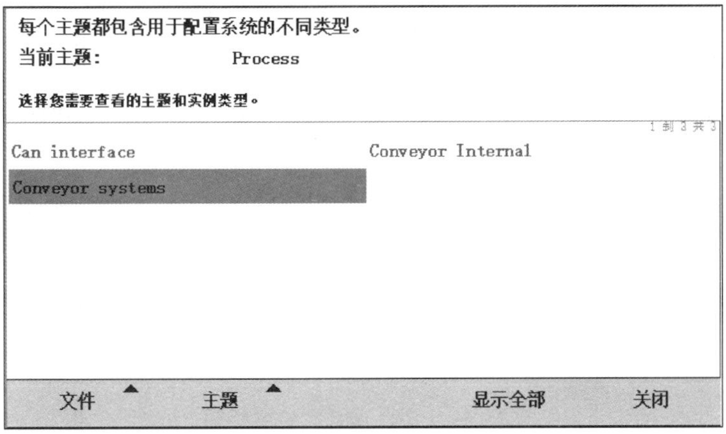

每个主题都包含用于配置系统的不同类型。

当前主题：　　　　　Process

选择您需要查看的主题和实例类型。

1 到 3 共 3

Can interface	Conveyor Internal
Conveyor systems	

| 文件 ▲ | 主题 ▲ | | 显示全部 | 关闭 |

图 7－41　单击"Conveyor systems"

目前类型：　　　　　Conveyor systems

新增或从列表中选择一个进行编辑或删除。

1 到 1 共 1

CNV1

| 编辑 | 添加 | 删除 | 后退 |

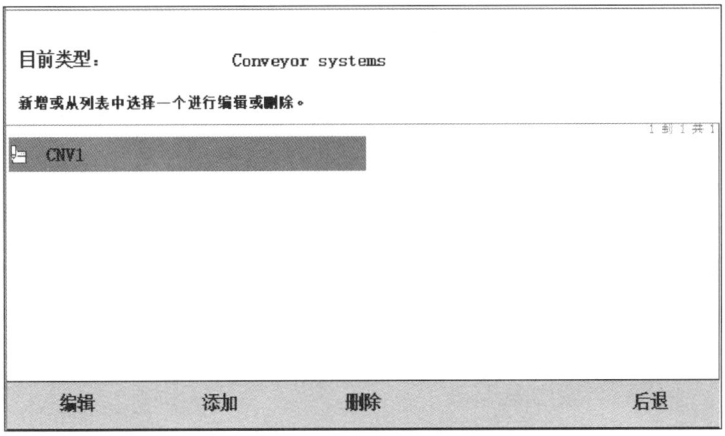

图 7－42　单击"CNV1"

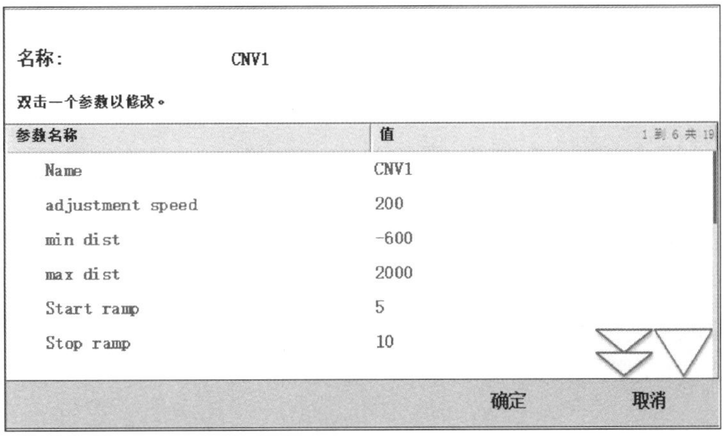

名称：　　　　　CNV1

双击一个参数以修改。

参数名称	值	1 到 6 共 19
Name	CNV1	
adjustment speed	200	
min dist	-600	
max dist	2000	
Start ramp	5	
Stop ramp	10	

| | | 确定 | 取消 |

图 7－43　设置 adjustment speed、min dist 和 max dist 参数

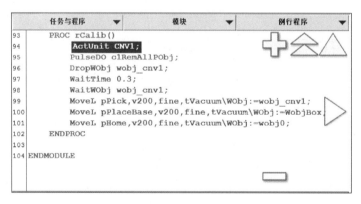

名称:	wobj_cnv1		
点击一个字段以编辑值。			
名称	值	数据类型	1 到 6 共 24
wobj_cnv1:	[FALSE, FALSE, "CNV1", [...	wobjdata	
robhold :=	FALSE	bool	
ufprog :=	FALSE	bool	
ufmec :=	"CNV1"	string	
uframe:	[[0, 0, 0], [1, 0, 0, 0]]	pose	
trans:	[0, 0, 0]	pos	
	撤消	确定	取消

图 7-44　wobj_cnv1 工件坐标系

"ufprog"为 user frame programmed 的缩写,属性设为 FALSE,表示建立的是可移动的用户坐标系统。

"ufmec"为 user frame mechanical unit 的缩写,定义机器人与其实现同步运动的机械单元名称,该机械单元被定义在系统参数中,这里的机械单元为"CNV1"。

(7) 输送链移动工件坐标系校准。输送链移动工件坐标系校准采用 4 点校准法。在校准之前,使 1 个产品通过同步传感器并且被连接上,然后手动移动机器人至产品所在位置,重复执行 4 次,根据获得 4 个基准点,计算出当前输送链的基坐标方向,输送链前进方向即为 X 轴的正方向。

打开 rCalib 例行程序,如图 7-45 所示,手动单步运行该段代码。

任务与程序 ▼	模块 ▼	例行程序 ▼
93	PROC rCalib()	
94	ActUnit CNV1;	
95	PulseDO c1RemAllPObj;	
96	DropWObj wobj_cnv1;	
97	WaitTime 0.3;	
98	WaitWObj wobj_cnv1;	
99	MoveL pPick,v200,fine,tVacuum\WObj:=wobj_cnv1;	
100	MoveL pPlaceBase,v200,fine,tVacuum\WObj:=WobjBox;	
101	MoveL pHome,v200,fine,tVacuum\WObj:=wobj0;	
102	ENDPROC	
103		
104	ENDMODULE	

图 7-45　rCalib 例行程序

该段代码内容依次为:

激活输送链 CNV1;

清空输送链上队列中所有对象;

断开与 CNV1 的连接;

等待 0.3 s;

等待与 CNV1 建立连接;

……

单步执行到 WaitWobj wobj_cnv1 时，机器人程序处于执行状态，一直等到连接上 CNV1 上的工件。

此时，在输送链前端放置一个工件，使工件通过同步传感器，并且进入启动窗口中。等机器人连接上工件后，停止输送链运行，使工件停留在机器人可达范围内。

在示教器中依次单击"菜单"→"校准"→"CNV1"→"基座"→"4 点"，进入 CNV1 校准界面，如图 7-46 所示。

校准 - CNV1 - 基座			
4 点			
机械单元：	CNV1		
测量单元：	ROB_1	活动工具：	tool0
点	**状态**		1 到 4 共 4
点　1	-		
点　2	-		
点　3	-		
点　4	-		
位置　▲		修改位置　　　确定	取消

图 7-46　CNV1 校准界面

移动机器人至工件停止位置，单击"修改位置"，记录为点 1，如图 7-47 所示。

点 1 记录完成后，移开机器人，再次启动输送链，运动一段距离后再次停止输送链，将机器人再次移动至工件停止位置，单击"修改位置"，记录为点 2，如图 7-48 所示。

图 7-47　记录点 1

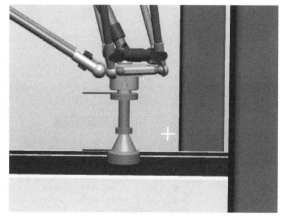

图 7-48　记录点 2

依次类推，完成点 3、点 4 的记录，如图 7-49 和图 7-50 所示。

完成所有点的记录后，单击"确定"，并且重启系统，使其生效，如图 7-51 所示。

在实际使用过程中，为提高精度，可先将带有尖端的专门用于校准用的工具安装到机器人上进行校准，校准完成后再更换回实际工具。在修改位置时，必须保证手动操纵画面激活的 TCP 就是当前所使用的工具。

图 7-49 记录点 3   图 7-50 记录点 4

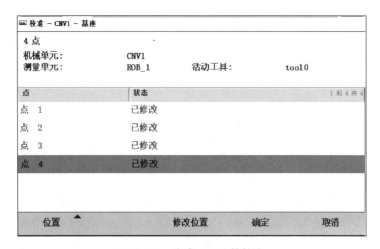

图 7-51 完成 CNV1 的校准

5. 示教目标点

图 7-52 所示的 rCalib 程序中可找到在此工作站中需要示教的 3 个目标点：pPick、pPlaceBase、pHome。

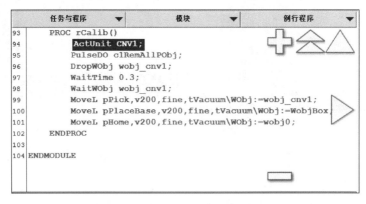

图 7-52 rCalib 例行程序

1) pPick

pPick 是拾取点，使用的移动工具坐标系 wobj_cnv1，因此必须让机器人连接一个工件才能示教。操作方法可参考输送链移动工件坐标系校准的方法，单步运行图 7 - 52 中的程序 94～98 行代码，执行到 WaitWobj wobj_cnv1 时，机器人程序处于执行状态，启动输送链，在输送链前端放置一个工件，使工件通过同步传感器，并且进入启动窗口中。进入启动窗口后，工件已被连接，机器人程序也停止运行。也可通过查看当前的 c1Connected 信号状态来确认，若为 1 则表示已连接上，若为 0 则表示还没连接。

　　c1Connected 的状态可在"菜单"→"输入输出"→"视图"中选择"数字输入"类型中查看，如图 7 - 53 所示。

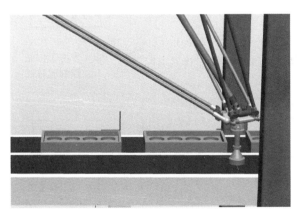

数字输入		活动过滤器：	选择布局
从列表中选择一个 I/O 信号。			默认
名称 △	值	类型	设备
c1Connected	1	DI	Qtrack1
c1DirOfTravel	0	DI	Qtrack1
c1DReady	0	DI	Qtrack1
c1EncAFautlt	0	DI	Qtrack1
c1EncBFautlt	0	DI	Qtrack1
c1EncSelected	0	DI	Qtrack1
c1NewObjStrobe	0	DI	Qtrack1
c1NullSpeed	0	DI	Qtrack1
c1PassStw	0	DI	Qtrack1
c1PowerUpStatus	0	DI	Qtrack1

图 7 - 53　查看 c1Connected 状态

　　确认连接后，移动机器人至工件拾取位置，并对 pPick 位置进行示教，示教时需确认当前手动操纵中激活的工具坐标为 tVacuum，工件坐标为 wobj_cnv1，如图 7 - 54 所示。

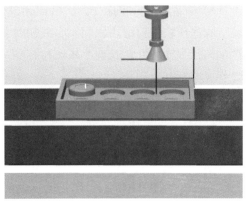

图 7 - 54　pPick 位置示教　　　　　　图 7 - 55　产品盒中安装一个工件

　　2）pPlaceBase

　　使"产品盒_示教"、"产品_示教"两个部件可见，然后将产品安装至产品盒中，如图 7 - 55 所示。

　　确认当前手动操纵中激活的工具坐标为 tVacuum，工件坐标为 wobjBox，移动机器人至放置位置，如图 7 - 56 所示，完成 pPlaceBase 的示教。

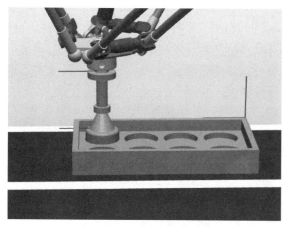

图 7－56　pPlaceBase 的示教

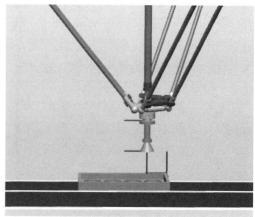

图 7－57　pHome 的示教

3）pHome

调整机器人至如图 7－57 所示位置，使用工具坐标 tVacuum 和工件坐标为 wobj0 示教 pHome 位置。

6.程序编写

1）工艺要求

（1）在进行分拣示教时，控制工具姿态使糕点始终平行。

（2）机器人分拣搬运时应保持平缓流畅。

2）控制流程图

为了方便读者编写程序，可以参考程序流程图，如图 7－58 所示。

3）编写各例行程序

程序模块主要由主程序 main、初始化例行程序 rInitAll、拾取产品例行程序 rPick、放置产品例行程序 rPlace 和放置位置计算例行程序 rPostion 组成。

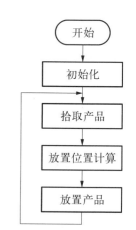

图 7－58　分拣工作站控制流程图

（1）主程序 main：控制整个流程。

PROC main（）

　　rInitAll；

　　WHILE TRUE DO

　　　　rPick；

　　　　rPostion；

　　　　rPlace；

　　ENDWHILE

ENDPROC

（2）初始化例行程序 rInitAll：主要功能为激活输送链系统，机器人回原点，复位输出信号，工件计数器 nCounter 复位。

PROC rInitAll（）

```
ActUnit CNV1；
MoveL pHome,v500,fine,tVacuum\WObj：=wobj0；
Reset doVacuum；
PulseDO c1RemAllPObj；
DropWobj wobj_cnv1；
WaitTime 0.3；
PulseDO doMoveBox；
nCounter：=1；
```
ENDPROC

（3）拾取产品例行程序 rPick：等待与工件坐标系 wobj_cnv1 建立连接，移动至拾取位置上方，拾取工件。

PROC rPick()
```
WaitWObj wobj_cnv1\RelDist：=50；
MoveL Offs(pPick,0,0,80),vMaxEmpty,z20,tVacuum\WObj：=wobj_cnv1；
MoveL pPick,vMinEmpty,fine,tVacuum\WObj：=wobj_cnv1；
Set doVacuum；
WaitTime 0.02；
GripLoad LoadFull；
MoveL Offs(pPick,0,0,80),vMinLoad,z20,tVacuum\WObj：=wobj_cnv1；
```
ENDPROC

（4）放置位置计算例行程序 rPostion：根据示教点 pPlaceBase 及工件计数值计算当前放置位置，其程序如下。

PROC rPostion()
```
TEST nCounter
CASE 1：
    pPlace：=Offs(pPlaceBase,0,0,0)；
CASE 2：
    pPlace：=Offs(pPlaceBase,0,70,0)；
CASE 3：
    pPlace：=Offs(pPlaceBase,−70,0,0)；
CASE 4：
    pPlace：=Offs(pPlaceBase,−70,70,0)；
CASE 5：
    pPlace：=Offs(pPlaceBase,−140,0,0)；
CASE 6：
    pPlace：=Offs(pPlaceBase,−140,70,0)；
CASE 7：
    pPlace：=Offs(pPlaceBase,−210,0,0)；
```

```
        CASE 8：
            pPlace：＝Offs(pPlaceBase，－210，70，0)；
        DEFAULT：
            Stop；
        ENDTEST
    ENDPROC
```

（5）放置产品例行程序 rPlace：将产品放入产品盒中相应位置，放满后发送信号使产品盒输送链往前移动一定距离，使下一个空产品盒移动到定点放置位置。

```
    PROC rPlace()
        MoveL Offs(pPlace,0,0,80),vMaxLoad,z20,tVacuum\WObj：＝WobjBox；
        WaitDI diBoxInPos,1；
        MoveL pPlace,vMinLoad,fine,tVacuum\WObj：＝WobjBox；
        Reset doVacuum；
        WaitTime 0.01；
        DropWObj wobj_cnv1；
        GripLoad LoadEmpty；
        MoveL Offs(pPlace,0,0,80),vMidEmpty,z20,tVacuum\WObj：＝WobjBox；
        nCounter：＝nCounter＋1；
        IF nCounter＞8 THEN
            PulseDO doMoveBox；
            WaitDI diBoxInPos,0；
            nCounter：＝1；
        ENDIF
    ENDPROC
```

（6）调试用程序 rCalib：程序模块中还有一个没有被主程序调用的例行程序，这个程序只在调试时使用，用于输送链移动工件坐标系校准和目标点 pPick 示教时使用。

```
    PROC rCalib()
        ActUnit CNV1；
        PulseDO c1RemAllPObj；
        DropWObj wobj_cnv1；
        WaitTime 0.3；
        WaitWObj wobj_cnv1；
        MoveL pPick,v200,fine,tVacuum\WObj：＝wobj_cnv1；
        MoveL pPlaceBase,v200,fine,tVacuum\WObj：＝WobjBox；
        MoveL pHome,v200,fine,tVacuum\WObj：＝wobj0；
    ENDPROC
```

（7）程序中用到的数据声明如下。

PERS tooldata tVacuum：＝[TRUE,[[0,0,100],[1,0,0,0]],[0.2,[0,0,60],[1,0,

0,0],0,0,0]];

　　PERS wobjdata wobj_cnv1：=[FALSE,FALSE,"CNV1",[[0,0,0],[1,0,0,0]],[[0,0,0],[1,0,0,0]]];

　　PERS wobjdata WobjBox：=[FALSE,TRUE,"",[[−86.398,269.736,1158.242],[0,1,0,0]],[[0,0,0],[1,0,0,0]]];

　　PERS Loaddata LoadEmpty：=[0.001,[0,0,0.001],[1,0,0,0],0,0,0];

　　PERS Loaddata LoadFull：=[0.17,[0,0,−40],[1,0,0,0],0,0,0];

　　PERS robtarget pPick：=[[0,0,25],[0,1,0,0],[0,0,0,0],[9E9,9E9,9E9,9E9,9E9,669.289]];

　　PERS robtarget pHome：=[[0,0.000003881,1037.528207824],[1,0,0,0],[0,0,0,0],[9E9,9E9,9E9,9E9,9E9,0]];

　　PERS robtarget pPlaceBase：=[[257,49.376,−0.608],[0,1,0,0],[0,0,0,0],[9E9,9E9,9E9,9E9,9E9,0]];

　　PERS robtarget pPlace：=[[117,119.376,−0.608],[0,1,0,0],[0,0,0,0],[9E+09,9E+09,9E+09,9E+09,9E+09,0]];

　　PERS speeddata vMinEmpty：=[1500,400,6000,1000];

　　PERS speeddata vMidEmpty：=[2500,400,6000,1000];

　　PERS speeddata vMaxEmpty：=[5000,400,6000,1000];

　　PERS speeddata vMinLoad：=[800,400,6000,1000];

　　PERS speeddata vMidLoad：=[2000,400,6000,1000];

　　PERS speeddata vMaxLoad：=[4000,400,6000,1000];

　　PERS num nCounter：=1;

　　4）仿真运行

　　当程序编写完成后,保存工作站。之后可以进行工作站的仿真操作,在图7－59中,单击"仿真"菜单中的"播放",可以查看分拣工作站的运行情况。

图7－59　仿真菜单

 **项目小结**

　　通过分拣机器人工作站的学习,整体了解输送链跟踪系统运行原理,了解分拣工作站各设备之间的通信设置,重点是如何配置输送链跟踪系统,包括编码器的安装及方向调整、跟踪板的设置及接线、各种跟踪参数的设置、输送链基坐标系的校准以及跟踪信号的使用。

项目八
机器人工作站总线通信应用

 任务目标

（1）了解机器人常见的总线通信方式。

（2）掌握 CC‐Link 通信方式。

（3）编写程序实现 PLC 与机器人 CC‐Link 通信。

 工业现场总线通信

ABB 工业机器人标配了 DeviceNet 总线，控制器与各 I/O 板卡之间采用 DeviceNet 总线通信。机器人工作站与焊接电源、涂胶机、PLC 等外围设备之间最常用的通信方式是总线通信，常用的通信方式有 FieldBus、FieldNet、CC‐Link 等。

1. 现场总线

现场总线（field bus）是一种工业数据总线，是自动化领域中底层数据通信网络。它主要解决工业现场的智能化仪器仪表、控制器、执行机构等现场设备间的数字通信以及这些现场控制设备和高级控制系统之间的信息传递问题。由于现场总线简单、可靠、经济实用等一系列突出的优点，因而受到了许多标准团体和计算机厂商的高度重视。

简单来说，现场总线就是以数字通信替代了传统 4～20 mA 模拟信号及普通开关量信号的传输，是连接智能现场设备和自动化系统的全数字、双向、多站的通信系统。

2. 现场总线的优势

（1）节省硬件与投资。由于现场总线系统中分散在现场的智能设备能直接执行多种传感器控制报警和计算功能，因而可减少变送器的数量，不再需要单独的调节器、计算单元等，也不需要 DCS 系统的信号调理、转换、隔离等功能单元及其复杂接线，还可以用工控 PC 机作为操作站，从而节省了一大笔硬件投资，并可减少控制室的占地面积。

（2）节省安装费用。现场总线系统的接线十分简单，一对双绞线或一条电缆上通常可挂接多个设备，因而电缆、端子、槽盒、桥架的用量大大减少，连线设计与接头校对的工作量也大大减少。当需要增加现场控制设备时，无需增设新的电缆，可就近连接在原有的电缆

上,既节省了投资,也减少了设计和安装的工作量,据有关典型试验工程的测算资料表明可节约安装费用 60％以上。

（3）节省维护开销。由于现场控制设备具有自诊断与简单故障处理的能力,并通过数字通讯将相关的诊断维护信息送往控制室,用户可以查询所有设备的运行状态,诊断维护信息以便早期分析故障原因并快速排除,缩短了维护停工时间,同时由于系统结构简化,连线简单而减少了维护工作量。

（4）用户具有高度的系统集成主动权。用户可以自由选择不同厂商所提供的设备来集成系统,避免因选择了某一品牌的产品而被"框死"了使用设备的选择范围,不会为系统集成中不兼容的协议、接口而一筹莫展,使系统集成过程中的主动权牢牢掌握在用户手中。

（5）提高了系统的准确性与可靠性。由于现场总线设备的智能化、数字化,与模拟信号相比,它从根本上提高了测量与控制的精确度,减少了传送误差,同时,由于系统的结构简化,设备与连线减少,现场仪表内部功能加强,减少信号的往返传输,提高了系统的工作可靠性。

3. 主流现场总线介绍

1）基金会现场总线(FoundationFieldbus, FF)

美国 Fisher - Rousemount 公司联合了横河、ABB、西门子、英维斯等 80 家公司制定了 ISP 协议,Honeywell 公司联合欧洲 150 余家公司制定了 WorldFIP 协议,这两份协议于 1994 年 9 月合并,称为基金会现场总线,简称 FF。该总线在过程自动化领域得到了广泛的应用,具有良好的发展前景。

基金会现场总线采用国际标准化组织 ISO 的开放化系统互联 OSI 的简化模型,即物理层、数据链路层、应用层,另外增加了用户层。FF 分低速 H1 和高速 H2 两种通信速率,前者传输速率为 31.25 Kbit/s,通信距离可达 1 900 m,可支持总线供电和本质安全防爆环境。后者传输速率为 1 Mbit/s 和 2.5 Mbit/s,通信距离为 750 m 和 500 m,支持双绞线、光缆和无线发射,协议符号 IEC1158 - 2 标准,FF 的物理媒介的传输信号采用曼切斯特编码。

2）控制器局域网(ControllerAreaNetwork, CAN)

CAN 最早由德国 BOSCH 公司推出,广泛用于离散控制领域,其总线规范已被 ISO 国际标准组织制定为国际标准,得到了 Intel、Motorola、NEC 等公司的支持。CAN 协议分为二层:物理层和数据链路层。CAN 的信号传输采用短帧结构,传输时间短,具有自动关闭功能,具有较强的抗干扰能力。CAN 支持多主工作方式,并采用了非破坏性总线仲裁技术,通过设置优先级来避免冲突,通信距离最远可达 10 km/5 Kbps/s,通信速率最高可达 40 M/1 Mbp/s,网络节点数实际可达 110 个,已有多家公司开发了符合 CAN 协议的通信芯片。

3）Lonworks

Lonworks 由美国 Echelon 公司推出,并由 Motorola、Toshiba 公司共同倡导。它采用 ISO/OSI 模型的全部 7 层通信协议,采用面向对象的设计方法,通过网络变量把网络通信设计简化为参数设置。支持双绞线、同轴电缆、光缆和红外线等多种通信介质,通信速率从 300 bit/s 至 1.5 Mbit/s 不等,直接通信距离可达 2 700 m(78 Kbit/s),被誉为通用控制网络。Lonworks 技术采用的 LonTalk 协议被封装到 Neuron(神经元)的芯片中,并得以实现。采用 Lonworks 技术和神经元芯片的产品,被广泛应用于楼宇自动化、家庭自动化、保安系统、办公设备、交通运输、工业过程控制等行业。

4）DeviceNet

DeviceNet 是一种低成本的通信连接，也是一种简单的网络解决方案，有着开放的网络标准。DeviceNet 具有的直接互联性不仅改善了设备间的通信而且提供了相当重要的设备级阵地功能。DeviceNet 基于 CAN 技术，传输率为 $125\sim500$ Kbit/s，每个网络的最大节点为 64 个，其通信模式为：生产者/客户（producer/consumer），采用多信道广播信息发送方式。位于 DeviceNet 网络上的设备可以自由连接或断开，不影响网上的其他设备，而且其设备的安装布线成本也较低。DeviceNet 总线的组织结构是开放式设备网络供应商协会（open devicenet vendor association，ODVA）。

5）PROFIBUS

PROFIBUS 是德国标准（DIN19245）和欧洲标准（EN50170）的现场总线标准。由 PROFIBUS - DP、PROFIBUS - FMS、PROFIBUS - PA 系列组成。DP 用于分散外设间高速数据传输，适用于加工自动化领域。FMS 适用于纺织、楼宇自动化、可编程控制器、低压开关等。PA 用于过程自动化的总线类型，服从 IEC1158 - 2 标准。PROFIBUS 支持主-从系统、纯主站系统、多主多从混合系统等几种传输方式。PROFIBUS 的传输速率为 9.6 Kbit/s 至 12 Mbit/s，最大传输距离在 9.6 Kbit/s 下为 1 200 m，在 12 Mbit/s 下为 200 m，可采用中继器延长至 10 km，传输介质为双绞线或者光缆，最多可挂接 127 个站点。

6）HART

HART 是 highway addressable remote transducer 的缩写，最早由 Rosemount 公司开发。其特点是在现有模拟信号传输线上实现数字信号通信，属于模拟系统向数字系统转变的过渡产品。其通信模型采用物理层、数据链路层和应用层三层，支持点对点主从应答方式和多点广播方式。由于它采用模拟数字信号混合，难以开发通用的通信接口芯片。HART 能利用总线供电，可满足本质安全防爆的要求，并可用于由手持编程器与管理系统主机作为主设备的双主设备系统。

7）CC - Link

CC - Link 是 control & communication link（控制与通信链路系统）的缩写，由三菱电机为主导的多家公司于 1996 年 11 月推出，其增长势头迅猛，在亚洲占有较大份额。在其系统中，可以将控制和信息数据同时以 10 Mbit/s 高速传送至现场网络，具有性能卓越、使用简单、应用广泛、节省成本等优点。它不仅解决了工业现场配线复杂的问题，同时具有优异的抗噪性能和兼容性。CC - Link 是一个以设备层为主的网络，同时也可覆盖较高层次的控制层和较低层次的传感层。2005 年 7 月 CC - Link 被中国国家标准委员会批准为中国国家标准指导性技术文件。

8）WorldFIP

WorldFIP 的北美部分与 ISP 合并为 FF 以后，WorldFIP 的欧洲部分仍保持独立，总部设在法国。其在欧洲市场占有重要地位，特别是在法国占有率大约为 60%。WorldFIP 的特点是具有单一的总线结构来适用不同的应用领域的需求，而且没有任何网关或网桥，用软件的办法来解决高速和低速的衔接。WorldFIP 与 FFHSE 可以实现"透明联接"，并对 FF 的 H1 进行了技术拓展，如速率等。在与 IEC61158 第一类型的连接方面，WorldFIP 做得最好,走在世界前列。

9) INTERBUS

INTERBUS 是德国 Phoenix 公司推出的较早的现场总线,2000 年 2 月成为国际标准 IEC61158。INTERBUS 采用国际标准化组织 ISO 的开放化系统互联 OSI 的简化模型(1、2、7 层),即物理层、数据链路层、应用层,具有强大的可靠性、可诊断性和易维护性。其采用集总帧型的数据环通信,具有低速度、高效率的特点,并严格保证了数据传输的同步性和周期性;该总线的实时性、抗干扰性和可维护性也非常出色。INTERBUS 广泛应用于汽车、烟草、仓储、造纸、包装、食品等工业,成为国际现场总线的领先者。

任务描述

图 8 - 1 中的 FST 机器人实训台,网络控制方案如图 8 - 2 所示。三台三菱小型 FX3U 系列 PLC 通过 N∶N 网络组成网络,其中一台 PLC 与 ABB120 机器人通过 CC - Link 连接。每台 PLC 上都连接了按钮开关,可实现三个 PLC 分别控制机器人。

图 8 - 1　FST 机器人实训台

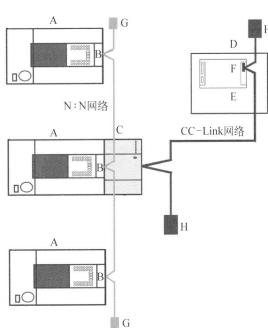

图 8 - 2　网络控制方案

A—FX3U 系列 PLC;B—485 - BD 板;C—FX3U - 16CCL - M(CCLink 主站);D—ABB 机器人控制器;E— DSQC378B(CCLink 从站);F—CC - link 接口;G—N∶ N 网络终端电阻;H—CC - Link 网络终端电阻

FST 机器人实训台操作机器人完成搬运功能,控制过程如下:

(1) 设备通电,机器人控制柜、PLC 控制柜上电。

(2) 机器人切换到自动状态,机器人自动状态指示灯亮。

(3) 按下电机上电按钮,机器人电机上电,机器人电机上电灯亮。

（4）按下主程序执行，程序运行指示灯亮。

（5）按下复位按钮，机器人复位，复位完成后发出复位完成信号，复位完成指示灯亮。

（6）按下启动按钮，复位完成指示灯灭，机器人开始搬运工作。

每个 PLC 的输入端都定义了机器人电机上电、主程序执行、复位、启动 4 个按钮功能，按下任一个按钮均能实现对机器人的相应操作。在每个 PLC 输出端都连接了 4 个指示灯，要求将机器人的状态（自动状态、电机上电、程序运行、复位完成）在 1 号 PLC 的指示灯上显示。

1. 三菱小型 PLC 的 N∶N 网络

三菱小型 FX 系列 PLC 的 N∶N 系统中使用的 RS485 通信接口板，常见的支持 RS-485 标准的通信接口模块有 FX3U‐485‐BD、FX3U‐4852ADP、FX2N‐485‐BD、FX1N‐485‐BD、FX0N‐485‐BD、FX‐485ADP。本工作站 PLC 中使用了 FX3U‐485‐BD，如图 8‐3 所示。

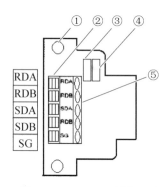

图 8‐3　485‐BD 板显示/端子排列

① 安装孔　② 可编程控制器连接器　③ SD LED：发送时高速闪烁　④ RD LED 接收时高速闪烁　⑤ 连接 RS485 单元的端子　端子模块的上表面高于可编程控制器面板盖子的上表面，高出大约 7 毫米

N∶N 网络的通信协议是固定的，通信方式采用半双工通讯，波特率固定为 38 400 bps；数据长度、奇偶校验、停止位、标题字符、终结字符以及和校验等均是固定的。

N∶N 网络是采用广播方式进行通信的：网络中每一站点都指定一个用特殊辅助继电器和特殊数据寄存器组成的链接存储区，各个站点链接存储区地址编号都是相同的。各站点向自己站点链接存储区中规定的数据发送区写入数据。网络上任何 1 台 PLC 中发送区的状态会反映到网络中的其他 PLC，因此，数据可供通过 PLC 链接连接起来的所有 PLC 共享，且所有单元的数据都能同时完成更新。

3 个 PLC 站点间用屏蔽双绞线相连，如图 8‐4 所示，接线时须注意终端站要接上 110 Ω 的终端电阻。

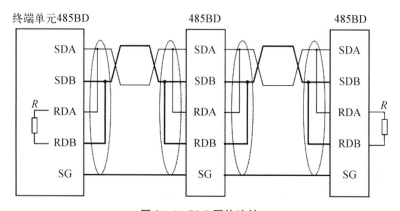

图 8‐4　PLC 网络连接

进行网络连接时应注意：

（1）图 8-4 中，R 为终端电阻。在端子 RDA 和 RDB 之间连接终端电阻（110 Ω）。

（2）将可编程控制器主体上 SG 端子一一相连，而主体用 100 Ω 或更小的电阻接地。

（3）屏蔽双绞线的线径应在英制 AWG16～26 范围，否则由于端子可能接触不良，不能确保正常的通信。连线时宜用压接工具把电缆插入端子，如果连接不稳定，则通讯会出现错误。

如果网络上各站点 PLC 已完成网络参数的设置，则在完成网络连接后，再接通各 PLC 工作电源，可以看到，各站通信板上的 SD LED 和 RD LED 指示灯两者都出现点亮/熄灭交替的闪烁状态，说明 N∶N 网络已经组建成功。

如果 RD LED 指示灯处于点亮/熄灭的闪烁状态，而 SD LED 没有（根本不亮），这时须检查站点编号的设置、传输速率（波特率）和从站的总数目。

FX 系列 PLC N∶N 通信网络的组建主要是对各站点 PLC 用编程方式设置网络参数实现的。

FX 系列 PLC 规定了与 N∶N 网络相关的标志位（特殊辅助继电器）和存储网络参数和网络状态的特殊数据寄存器。FX 系列 PLC N∶N 网络的相关标志（特殊辅助继电器）如表 8-1 所示，相关特殊数据寄存器如表 8-2 所示。

表 8-1 辅助继电器

特性	辅助继电器	名　称	描　述	响应类型
只读	M8038	N∶N 网络参数设置	用来设置 N∶N 网络参数	主站点，从站点
只读	M8183	主站点的通讯错误	当主站点产生通信错误时它是 ON	从站点
只读	从 M8184 到 M8191	从站点的通讯错误	当从站点产生通信错误时它是 ON	主站点，从站点
只读	M8191	数据通讯	当与其他站点通信时它是 ON	主站点，从站点

说明：在 CPU 错误、程序错误或停止状态下，对每一站点处产生的通信错误数目不能进行计数。

表 8-2 特殊数据寄存器

特性	辅助继电器	名　称	描　述	响应类型
只读	D8173	站点号	存储它自己的站点号	主站点，从站点
只读	D8174	从站点总数	存储从站点总数	主站点，从站点
只读	D8175	刷新范围	存储刷新范围	主站点，从站点
只写	D8176	站点号设置	设置它自己的站点号	主站点，从站点
只写	D8177	总从站点数设置	设置从站点总数	主站点
只写	D8178	刷新范围设置	设置刷新范围	主站点
读写	D8179	重试次数设置	设置重试次数	主站点
读写	D8180	通信超时设置	设置通信超时	主站点
只读	D8201	当前网络扫描时间	存储当前网络扫描时间	主站点，从站点

特性	辅助继电器	名　称	描　述	响应类型
只读	D8202	最大网络扫描时间	存储最大网络扫描时间	主站点,从站点
只读	D8203	主站点的通信错误数目	主站点的通信错误数目	从站点
只读	D8204 到 D8210	从站点的通信错误数目	从站点的通信错误数目	主站点,从站点
只读	D8211	主站点的通信错误代码	主站点的通信错误代码	从站点
只读	D8212 到 D8218	从站点的通信错误代码	从站点的通信错误代码	主站点,从站点

在表 8-1 中,特殊辅助继电器 M8038(N∶N 网络参数设置继电器,只读)用来设置 N∶N网络参数。

对于主站点,用编程方法设置网络参数,就是在程序开始的第 0 步(LD M8038),向特殊数据寄存器 D8176～D8180 写入相应的参数,仅此而已。对于从站点,则更为简单,只须在第 0 步(LD M8038)向 D8176 写入站点号即可。

N∶N 网络设置过程如下。

当程序运行或可编程控制器电源打开时,N∶N 网络的每一个设置都变为有效。

1) 设定站点号(D8176)

设定 0～7 的值到特殊数据寄存器 D8176 中,其中 0 为主站,1～7 为从站。

如:设定主站 0:MOV　K0　D8176;

　　设定从站 1:MOV　K1　D8176;

2) 设定从站点的总数(D8177)

设定 1～7 的值到特殊数据寄存器 D8177 中(默认＝7)。只需在总站点中设置此参数。

3) 设置刷新范围(D8178)

设定 0～2 的值到特殊数据寄存器 D8178 中(默认＝0)。只需在总站点中设置此参数。具体参数设置如表 8-3～表 8-6 所示。

4) 设定重试次数(D8179)

设定 0～10 的值到特殊寄存器 D8179 中(默认＝3),从站点不需要此设置。

5) 设置通信超时(D8180)

设定 5～255 的值到特殊寄存器 D8180 中(默认＝5)。此值乘以 10(ms)就是通信超时的持续时间。

例如,图 8-5 给出了主站中设置主站网络参数的程序。

表 8-3　刷新范围设置

通 讯 设 备	刷新范围		
	模式 0	模式 1	模式 2
位软元件(M)	0 点	32 点	64 点
字软元件(D)	4 点	4 点	8 点

表 8-4　模式 0　站号与元件对应表

站点号	元　件	
	位软元件（M）	字软元件（D）
	0 点	4 点
第 0 号	—	D0～D3
第 1 号	—	D10～D13
第 2 号	—	D20～D23
第 3 号	—	D30～D33
第 4 号	—	D40～D43
第 5 号	—	D50～D53
第 6 号	—	D60～D63
第 7 号	—	D70～D73

表 8-5　模式 1　站号与元件对应表

站点号	元　件	
	位软元件（M）	字软元件（D）
	32 点	4 点
第 0 号	M1000～M1031	D0～D3
第 1 号	M1064～M1095	D10～D13
第 2 号	M1128～M1159	D20～D23
第 3 号	M1192～M1223	D30～D33
第 4 号	M1256～M1287	D40～D43
第 5 号	M1320～M1351	D50～D53
第 6 号	M1384～M1415	D60～D63
第 7 号	M1448～M1479	D70～D73

表 8-6　模式 2　站号与元件对应表

站点号	元　件		站点号	元　件	
	位软元件（M）	字软元件（D）		位软元件（M）	字软元件（D）
	64 点	4 点		64 点	4 点
第 0 号	M1000～M1063	D0～D3	第 4 号	M1256～M1319	D40～D43
第 1 号	M1064～M1127	D10～D13	第 5 号	M1320～M1383	D50～D53
第 2 号	M1128～M1191	D20～D23	第 6 号	M1384～M1447	D60～D63
第 3 号	M1192～M1255	D30～D33	第 7 号	M1448～M1511	D70～D73

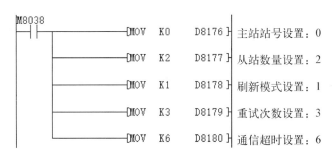

图 8-5　主站点网络参数设置程序

将以上的程序作为 N∶N 网络参数设定程序从第 0 步开始写入。此程序段不需要执行，因为当把其编入程序第一行时，它自动变为有效。

2. CC-Link 网络

控制与通信链路系统（control & communication link，CC-Link），是三菱电机推出的开放式现场总线，其数据容量大，通信速度多级可选择，而且它是一个以设备层为主的网络，同时也可覆盖较高层次的控制层和较低层次的传感层。一般情况下，CC-Link 整个一层网络可由 1 个主站和 64 个从站组成。网络中的主站由 PLC 担当，从站可以是远程 I/O 模块、特殊功能模块、带有 CPU 和 PLC 本地站、人机界面、变频器及各种测量仪表、阀门等现场仪表设备，如图 8-6 所示。

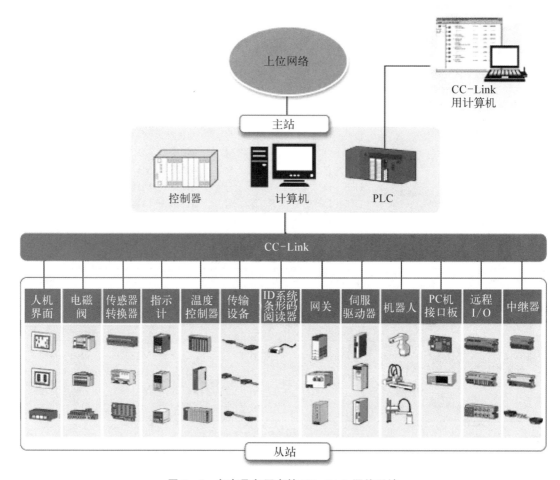

图 8-6 多产品多厂家的 CC-Link 通信系统

1）CC-Link 的通信原理

CC-Link 的通信形式可分为 2 种方式：循环通信和瞬时传送。循环通信意味着不停地进行数据交换。除了循环通信，CC-Link 还提供主站、本地站及智能装置站之间传递信息的瞬时传送功能。瞬时传送需要由专用指令 FROM/TO 来完成，瞬时传送不会影响循环通信的时间。

主站与远程设备站之间具有相应的通信关系，其通信关系如图 8-7 所示。主站与远程设备站之间的通信原理如下：

（1）PLC 系统电源接通时，CPU 中的网络参数传送到主站，CC-Link 系统自动启动。

（2）远程设备站的远程输入 RX 自动储存在主站的"远程输入 RX"缓冲存储器中。

（3）储存在"远程输入 RX"缓冲存储器中的输入状态储存到用自动刷新参数设置的 CPU 软元件中。

（4）用自动刷新参数设置的 CPU 软元件开/关数据存储在"远程输出 RY"缓冲存储器中。

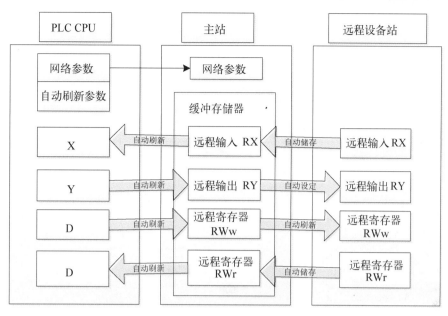

图 8-7 CC-Link 通信关系

（5）根据"远程输出 RY"缓冲存储器中存储的输出状态,远程输出 RY 自动设定为开/关（每次链接扫描的时候）。

（6）用自动刷新参数设置的 CPU 软元件的传送数据存储在"远程寄存器 RWw"缓冲存储器中。

（7）存储在"远程寄存器 RWw"缓冲存储器中的数据自动输送到每个远程设备站的远程寄存器 RWw 中。

（8）远程设备站的远程寄存器 RWr 的数据自动存储在主站的"远程寄存器 RWr"缓冲存储器中。

（9）存储在"远程寄存器 RWr"缓冲存储器中的远程设备站的远程寄存器 RWr 数据存储在用自动刷新参数设置的 CPU 软元件中。

2）FX3U-16CCL-M 为主站的 CC-Link 连接实例

FX3U-16CCL-M 作为主站有 2 种模式：Ver.1 模式和 Ver.2 模式,这两种模式下其缓冲存储区的地址是有区别的。

（1）Ver.1 模式。图 8-8 所示的 CC-Link 使用了 Ver.1 模式,网络构成是 FX3U-16CCL-M 为主站,连接 2 个从站,分别为 AJ65BT-64AD 转换单元和 FX2N-32CCL。AJ65BT-64AD 转换单元作为远程设备站,站号为 1,占用 2 站,版本为 Ver.1。FX2N-32CCL 作为远程设备站,站号为 3,占用 3 站,版本为 Ver.1。主站站号和传输速率设置如图 8-9 所示。AJ65BT-64AD 站号、传输速率设置如图 8-10 所示。FX2N-32CCL 站号、占用站数、传输速率设置如图 8-11 所示。可编程控制器、主站缓冲存储器及远程设备站的关系如图 8-12 所示。从站信息通过 CC-Link 网络与主站的缓冲存储区存在映射关系,主站 PLC 利用 FROM\TO 指令对缓存区的信息进行读写,如图 8-13 所示。

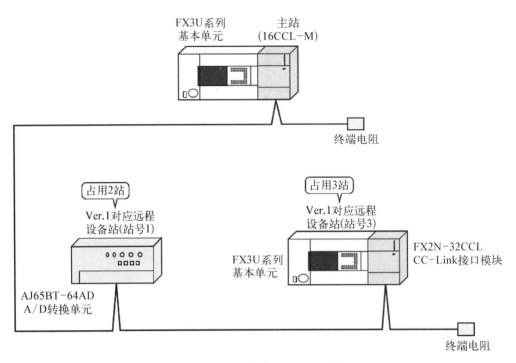

图 8-8 Ver.1 模式 CC-Link 系统

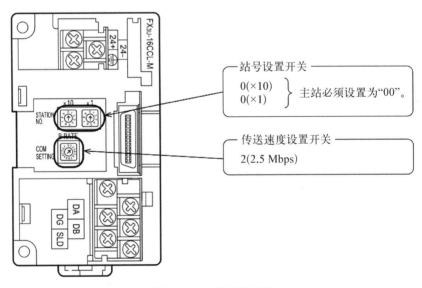

图 8-9 主站开关设置

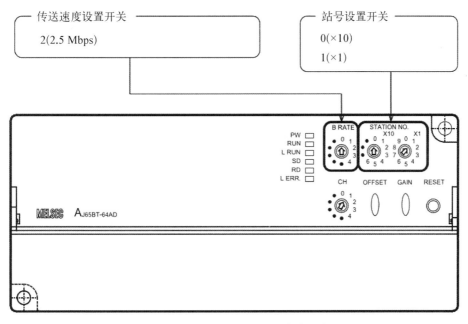

图 8‑10　AJ65BT‑64AD 站号、传输速率设置

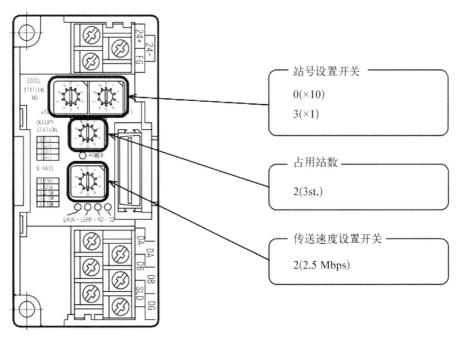

图 8‑11　FX2N‑32CCL 站号、传输速率设置

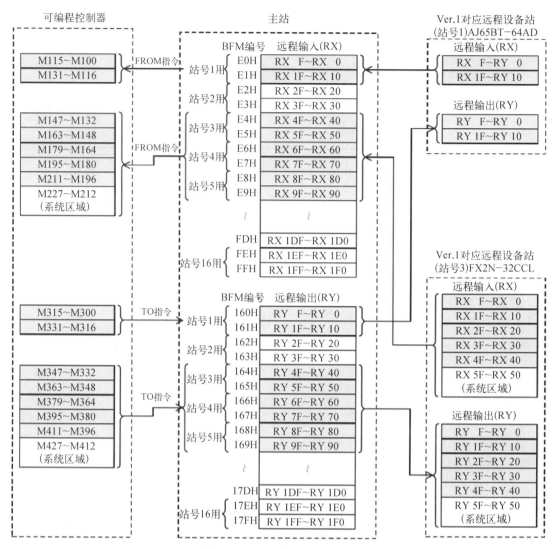

图 8-12 数据传输对应关系

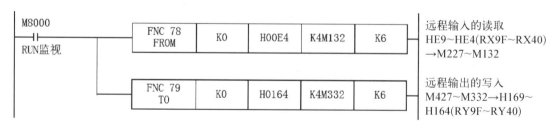

图 8-13 PLC 读写缓存区

(2) Ver.2 模式。图 8-14 所示的 CC-Link 使用了 Ver.2 模式,网络构成为 FX3U-16CCL-M 为主站,连接 2 个从站,分别为 FX2N-32CCL 和 AJ65VBTCU-68DAVN 转换单元。FX2N-32CCL 作为远程设备站,站号为 1,占用 3 站,版本为 Ver.2。AJ65BT-

64AD 转换单元作为远程设备站,站号为 1,占用 1 站,版本为 Ver.2。主站站号和传输速率设置如图 8 - 15 所示。FX2N - 32CCL 站号、占用站数、传输速率设置如图 8 - 16 所示。AJ65VBTCU - 68DAVN 转换单元站号、传输速率、模式设置如图 8 - 17 所示。可编程控制器、主站缓冲存储器及远程设备站的关系如图 8 - 18 所示。从站信息通过 CC - Link 网络与主站的缓冲存储区存在映射关系,主站 PLC 利用 FROM\TO 指令对缓存区的信息进行读写,如图 8 - 19 所示。

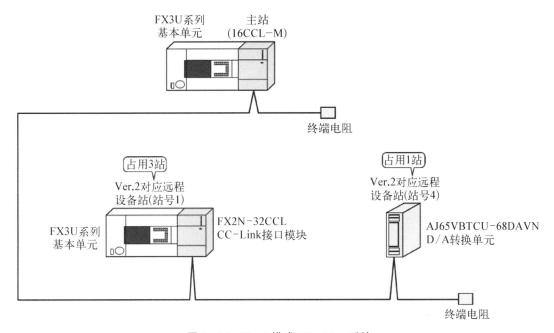

图 8 - 14　Ver.2 模式 CC - Link 系统

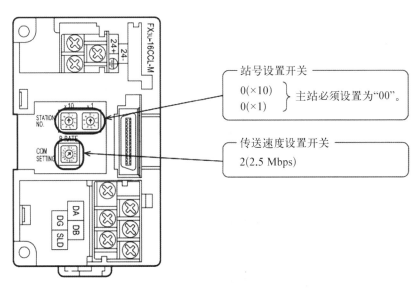

图 8 - 15　主站开关设置

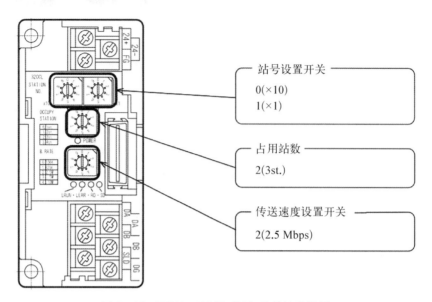

图 8‑16 FX2N‑32CCL 站号、传输速率设置

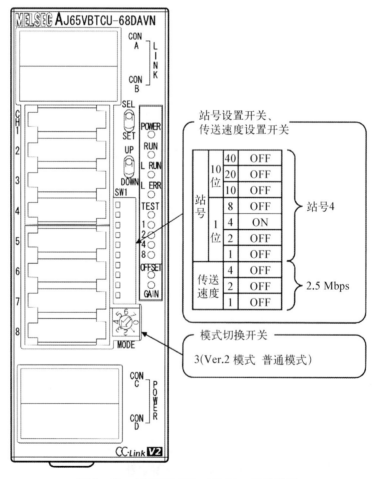

图 8‑17 AJ65VBTCU‑68DAVN 开关设置

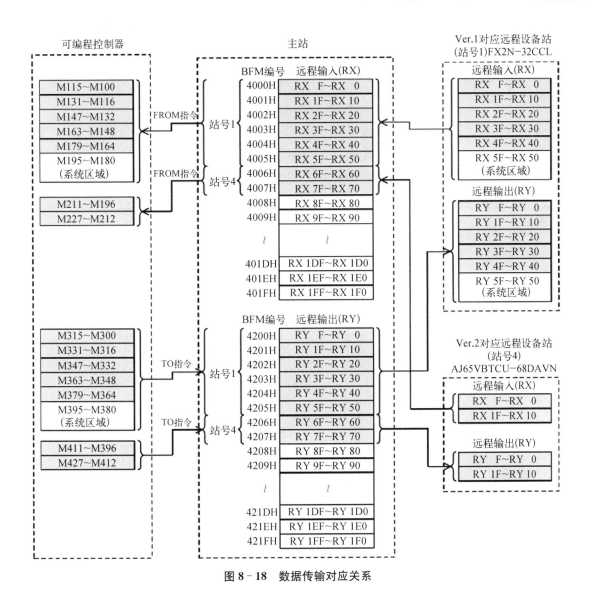

图 8‑18　数据传输对应关系

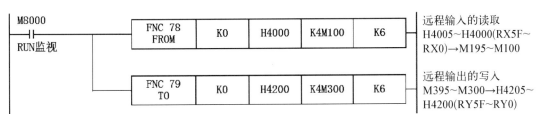

图 8‑19　PLC 读写缓存区

3. DSQC378B 通信板

DSQC378B 是 ABB 机器人的一个通信模块,可实现 CC‑Link 和 DeviceNet 之间信号

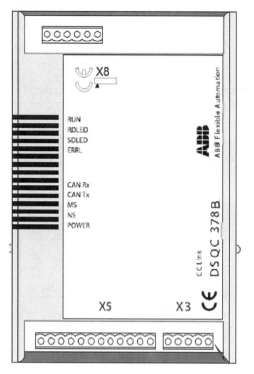

图 8－20　DSQC378B

的转换，为 CC－Link 网络和 ABB 机器人的 DeviceNet 总线提供了一个接口。这个设备作为 CC－Link 网络中的智能设备站。DSQC378B 如图 8－20 所示，X3 是电源接口，X5 是 DeviceNet 接口，X8 为 CC－Link 接口。

图 8－21 为 X8 端子，1 号为屏蔽线，2 号为 DA，3 号为信号接地，4 号为 DB，5、6 号不接。X8 端子连接到 CC－Link 网络上，与三菱 FX2N－16CCL－M 连接如图 8－22 所示。

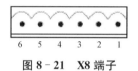

图 8－21　X8 端子

完成 DSQC378 硬件设置，还需要进一步设置通信参数，如表 8－7 所示，包括：StationNo（站号）、BaudRate（传输速率）、OccStat（占用的站数）、BasicIO（IO 类型）、Reset（复位）。

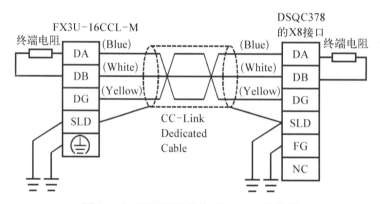

图 8－22　DSQC378 模块 CC－Link 连线图

表 8－7　DSQC378 的 CC－Link 设定值

DeviceNet Command	Path	DeviceNet Command	Path
StationNo	6,20 68 24 01 30 01,C6,1	BasicIO	6,20 68 24 01 30 04,C6,1
BaudRate	6,20 68 24 01 30 02,C6,1	Reset	4,20 01 24 01,C1,1
OccStat	6,20 68 24 01 30 03,C6,1		

DSQC378 在 CC－Link 网络中输入/输出数据的设定数量是由"OccStat"和"BasicIO"两个参数决定的，在设置时可参考表 8－8 中 2 个参数的值。

表 8 - 8　IO数据量设定表

OccStat	位数（BasicIO＝0）	字节数（BasicIO＝0）	位数（BasicIO＝1）	字节数（BasicIO＝1）
1	16	2	80	10
2	48	6	176	22
3	80	10	272	34
4	112	14	368	46

 任务实施

FST 机器人实训台中各设备在网络中的关系如图 8 - 23 所示。

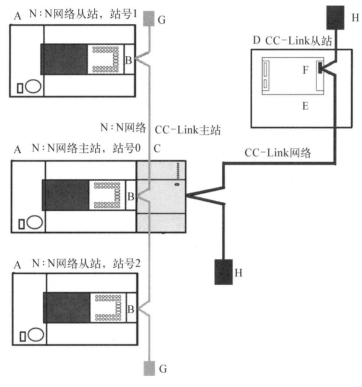

图 8 - 23　网络设备关系图

1. PLC 设置

1）N：N 网络主站 PLC

N：N 网络主站 PLC 功能有：收集 N：N 网络中的 2 个 PLC 发来的电机上电、主程序执行、复位和启动信号，与机器人通信将 3 个 PLC 的电机上电、主程序执行、复位和启动信号发送给机器人，同时将机器人自动运行状态、电机上电状态、程序运行状态和复位完成信号显示。表 8 - 9 为 PLC 的 I/O 分配表。建立 N：N 网络主站程序如图 8 - 24 所示。

表 8-9　PLC 输入/输出分配表

序　号	功　　能	端　口	类　型
1	电机上电按钮	X30	输入
2	主程序执行按钮	X31	输入
3	复位按钮	X32	输入
4	启动按钮	X33	输入
5	自动状态指示灯	Y0	输出
6	电机上电指示灯	Y20	输出
7	程序运行中指示灯	Y13	输出
8	复位完成指示灯	Y26	输出

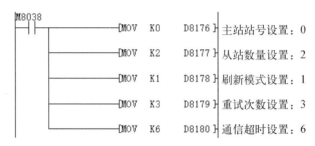

图 8-24　主站 N∶N 网络

CC-Link 设置如图 8-25 所示。模式设置选择 Ver.2，其读写缓存器地址为：读 H4000，写 H4200。总的连接台数为 1。

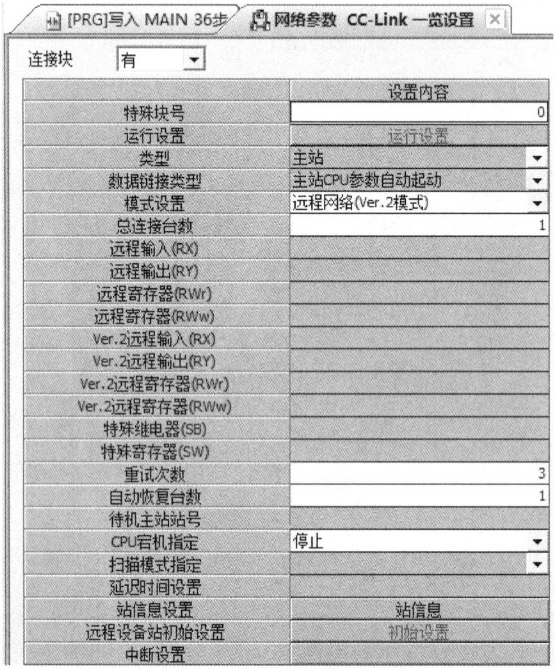

图 8-25　模式设置

设置站信息如图 8-26 所示。DSQC378 为 Ver.1 版本的设备,因此选择 Ver.1 远程设备站,占用 4 站,与 DSQC378 从站设置需保持一致。

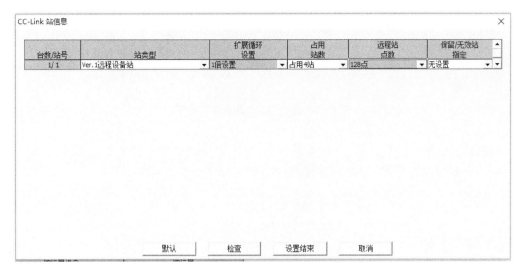

图 8-26　设置站信息

将 3 个 PLC 的电机上电、主程序执行、复位和启动信号进行处理程序如图 8-27 所示。

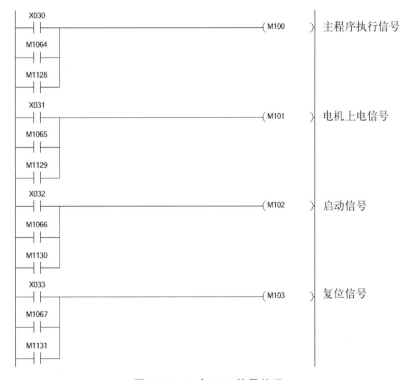

图 8-27　3 个 PLC 信号处理

将电机上电、主程序执行、复位和启动信号发送到 CC‐Link 网络上程序如图 8‐28 所示。

图 8‐28 CC‐Link 网络读写处理

将机器人的自动运行状态、电机上电状态、程序运行状态和复位完成信号从 CC‐Link 网络上读取到辅助寄存器,并在 PLC 输出端口显示程序如图 8‐29 所示。

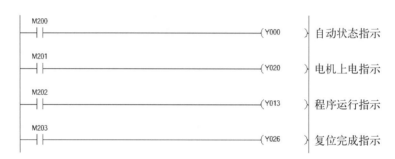

图 8‐29 输出信号处理

2) N∶N 网络 1 号从站 PLC

N∶N 网络 1 号从站主要实现将信号发送给主站,程序如图 8‐30 所示。

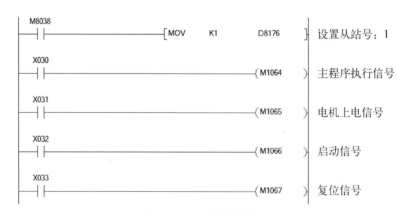

图 8‐30 1 号从站程序

3) N∶N 网络 2 号从站 PLC

N∶N 网络 2 号从站功能与 1 号从站一致,实现将信号发送给主站,程序如图 8‐31 所示。

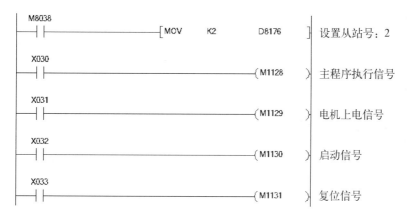

图 8 - 31　2 号从站程序

2. 机器人设置

在本工作站中,要用到的数字输入信号有主程序执行信号、电机上电信号、启动信号、复位信号。数字输出信号有电机上电信号、自动状态信号、程序运行中信号、复位完成信号、手爪张开信号和手爪闭合信号。信号分配表如表 8 - 10 所示。

表 8 - 10　机器人信号分配表

序号	信 号	功 能	端口	类 型	备 注	I/O 板
1	cdi0_stm	主程序执行信号	0	数字输入	系统输入	d378B
2	cdi1_mton	电机上电信号	1	数字输入	系统输入	d378B
3	cdi2_qd	启动信号	2	数字输入		d378B
4	cdi3_fw	复位信号	3	数字输入		d378B
5	cdo0_mton	电机上电输出信号	0	数字输出	系统输出	d378B
6	cdo1_auto	自动状态输出信号	1	数字输出	系统输出	d378B
7	cdo2_cyon	程序运行中输出信号	2	数字输出	系统输出	d378B
8	cdo3_fwwc	复位完成输出信号	3	数字输出		d378B
9	do2	手爪张开	2	数字输出		d652
10	do3	手爪闭合	3	数字输出		d652

1) 配置 ABB 标准 I/O 板卡

在示教器中,按照表 8 - 11 设置 ABB 标准 I/O 板 DSQC652 和 DSQC378B。

表 8 - 11　标准 I/O 板配置参数

Name	Type of Device	DeviceNet Address
d652	D652	10
d378B	D378B	32

2) 设置 DSQC378B 的 CC - Link 通信参数

进入"ABB 主菜单"界面,在"控制面板"→"配置"后选择"DeviceNet Command",配置

表8-7中的网络参数,如图8-32～图8-36所示。其中站数选择4站,"Reset"中的"Service"选项必须选为"Reset"。

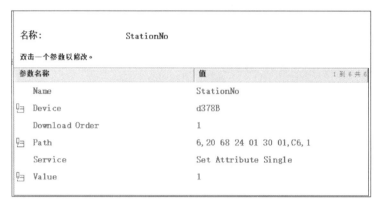

名称:　　　　　　　StationNo
双击一个参数以修改。

参数名称	值	1 到 6 共 6
Name	StationNo	
Device	d378B	
Download Order	1	
Path	6, 20 68 24 01 30 01,C6, 1	
Service	Set Attribute Single	
Value	1	

图8-32　站号设置

名称:　　　　　　　BaudRate
双击一个参数以修改。

参数名称	值	1 到 6 共 6
Name	BaudRate	
Device	d378B	
Download Order	2	
Path	6, 20 68 24 01 30 02,C6, 1	
Service	Set Attribute Single	
Value	2	

图8-33　传输速率设置

名称:　　　　　　　OccStat
双击一个参数以修改。

参数名称	值	1 到 6 共 6
Name	OccStat	
Device	d378B	
Download Order	3	
Path	6, 20 68 24 01 30 03,C6, 1	
Service	Set Attribute Single	
Value	4	

图8-34　站数设置

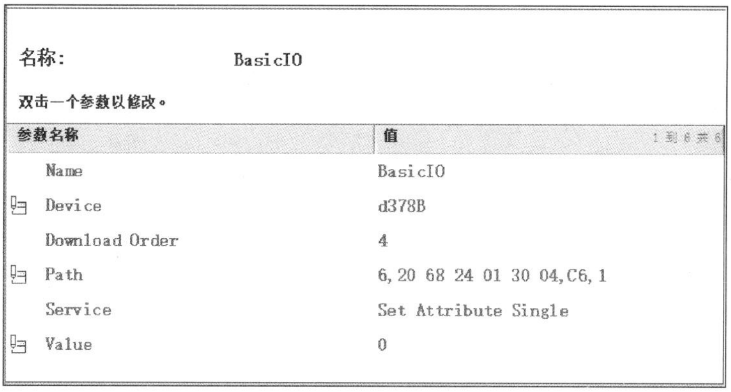

名称：　BasicIO

双击一个参数以修改。

参数名称	值
Name	BasicIO
Device	d378B
Download Order	4
Path	6,20 68 24 01 30 04,C6,1
Service	Set Attribute Single
Value	0

图 8-35　IO 设置

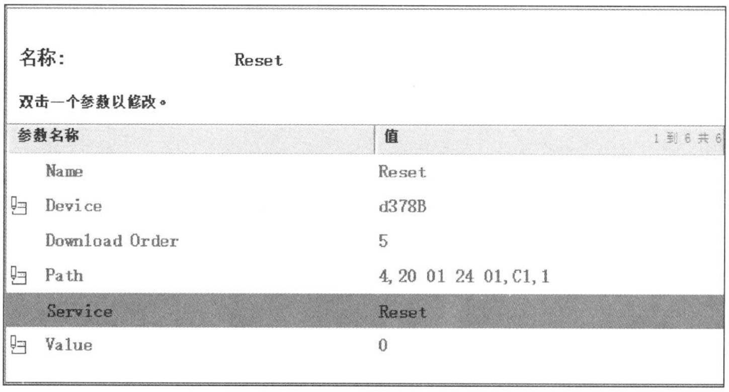

名称：　Reset

双击一个参数以修改。

参数名称	值
Name	Reset
Device	d378B
Download Order	5
Path	4,20 01 24 01,C1,1
Service	Reset
Value	0

图 8-36　Reset 设置

3）添加信号

进入“ABB 主菜单”界面，在“控制面板”→“配置”→“Signal”后，按照表 8-10 进行设置，完成后如图 8-37、图 8-38 所示。

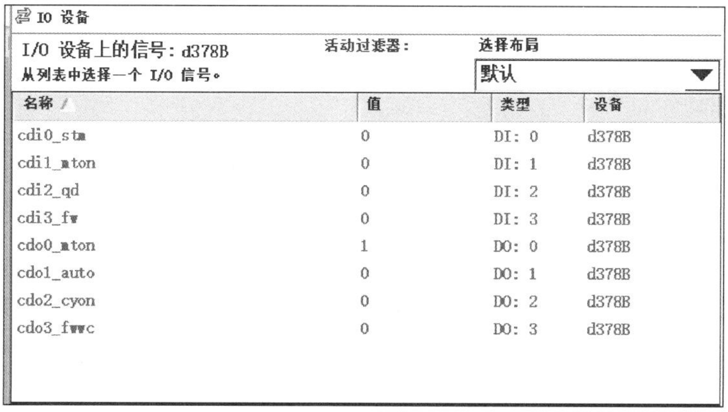

IO 设备

I/O 设备上的信号：d378B　活动过滤器：　选择布局 默认

从列表中选择一个 I/O 信号。

名称	值	类型	设备
cdi0_stm	0	DI: 0	d378B
cdi1_mton	0	DI: 1	d378B
cdi2_qd	0	DI: 2	d378B
cdi3_fw	0	DI: 3	d378B
cdo0_mton	1	DO: 0	d378B
cdo1_auto	0	DO: 1	d378B
cdo2_cyon	0	DO: 2	d378B
cdo3_fwwc	0	DO: 3	d378B

图 8-37　d378B 上信号

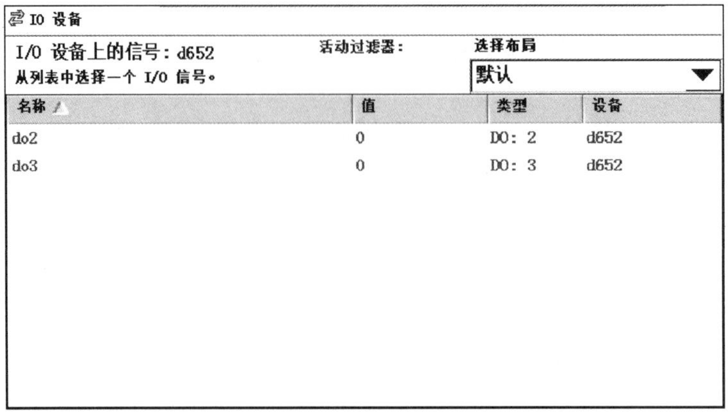

图 8 - 38　d652 上信号

4）编写机器人程序

机器人搬运参考程序如下：

PROC main( )　！主程序

　　　WaitDI cdi3_fw，1；

　　　rInitiall；

　　　WaitDI cdi2_qd，1；

　　　rMove；

ENDPROC

PROC rInitiall（ ）　！初始化程序，完成设备复位

　　　MoveJ phome，v1000，fine，MyTool\WObj：=Wobj1；

　　　Reset do2；

　　　Reset do3；

　　　Set cdo3_fwwc；

ENDPROC

PROC rMove( )　！搬运程序，完成工具搬运

　　　MoveJ papproach10，v1000，z10，MyTool\WObj：=Wobj1；

　　　MoveL p10，v200，z10，MyTool\WObj：=Wobj1；

　　　WaitTime 1；

　　　PulseDO\PLength：=0.2，do3；

　　　WaitTime 1；

MoveL papproach10，v200，z10，MyTool\WObj：=Wobj1；

　　　MoveL p20，v1000，z10，MyTool\WObj：=Wobj1；

　　　MoveJ p30，v1000，z10，MyTool\WObj：=Wobj1；

　　　MoveJ papproach40，v1000，z10，MyTool\WObj：=Wobj1；

MoveL p40，v200，z10，MyTool\WObj：=Wobj1；

　　　WaitTime 1；

```
        PulseDO\PLength：＝0.2，do2；
        WaitTime 1；
        MoveL papproach40，v200，z10，MyTool\WObj：＝Wobj1；
MoveJ p30，v1000，z10，MyTool\WObj：＝Wobj1；
        MoveJ phome，v1000，fine，MyTool\WObj：＝Wobj1；
ENDPROC
ENDMODULE
```

 项目小结

　　本项目，了解了常用的工业总线类型及其特点，在此基础上重点讲解了三菱 N∶N 网络和 CC‐Link 网络，并通过 TST 机器人实训台将这 2 种网络进行了实操，实现了通过 3 台 PLC 上的按钮控制机器人的动作。

项目九
工业机器人技术综合应用

任务目标

（1）了解工业机器人技术应用实训平台。

（2）了解工业机器人技术应用实训平台的三大系统。

（3）了解系统工作过程。

工业机器人技术应用实训平台介绍

1. 实训平台组成

工业机器人技术应用实训平台以三台西门子 S7 - 1200 PLC 作为控制核心，组成主控制系统、码垛机控制系统和 AGV 控制系统。该设备由工业机器人、AGV 机器人、托盘流水线、装配流水线、视觉系统和码垛机立体仓库等六大模块组成，两大控制系统与各模块之间通过 TCP/IP 协议进行通信，系统的组成如图 9 - 1 所示。

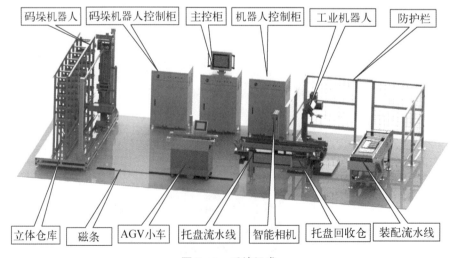

码垛机器人　码垛机器人控制柜　主控柜　机器人控制柜　工业机器人　防护栏

立体仓库　磁条　AGV小车　托盘流水线　智能相机　托盘回收仓　装配流水线

图 9 - 1　系统组成

2. 工艺流程

工艺流程如图 9-2 所示,码垛机从立体仓库中取出工件放置于 AGV 机器人上部输送线,通过 AGV 机器人输送至托盘流水线上,通过视觉系统对工件进行识别,然后由工业机器人进行装配。

图 9-2 工艺流程

图 9-3 为需要识别抓取和装配的工件,分别为机器人关节底座、电机模块、谐波减速器模型和输出法兰,默认的工件编号从左至右为 1~4 号。

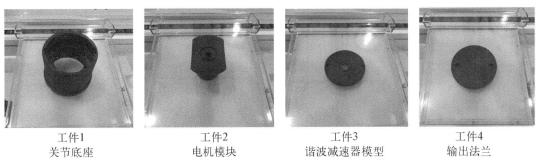

| 工件1 | 工件2 | 工件3 | 工件4 |
| 关节底座 | 电机模块 | 谐波减速器模型 | 输出法兰 |

图 9-3 需要识别抓取和装配的工件

3. 通信方式

本平台主要通过 TCP/IP 的通信方式进行各个模块之间的信息交换,图 9-4 为系统网络拓扑图,表 9-1 为主要功能模块预设 IP 地址分配情况。

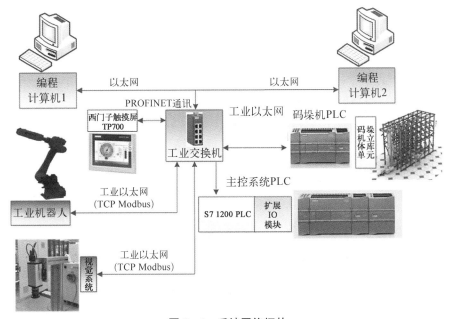

图 9-4 系统网络拓扑

表 9-1 主要功能模块 IP 地址分配表

序 号	名 称	IP 地址分配
1	工业机器人	192.168.8.103
2	智能相机	192.168.8.3
3	主控 HMI 触摸屏	192.168.8.11
4	主控系统 PLC	192.168.8.111
5	编程计算机 1	192.168.8.21
6	编程计算机 2	192.168.8.22
7	码垛机系统 PLC	192.168.8.112

工业机器人技术应用实训平台是一套由三台西门子 S7-1200 PLC 作为控制核心的机器人应用平台,该平台中各个控制单元通过 TCP/IP 协议进行通信。

通过学习,了解主控制系统、码垛机控制系统和 AGV 控制系统三大系统的特点和组成,以及整个系统的工作过程。

1. 认识主控制系统

主控制系统的控制核心为 1 台西门子 S7-1200 PLC,其 CPU 为 1215C DC/DC/DC,并扩展了一个 DI/DO 模块(DI 16×24VDC/16×Relay),主控人机界面 MHI 采用西门子 TP700 人机界面。主控系统设备网络、主控 PLC 设备组态如图 9-5 和图 9-6 所示。

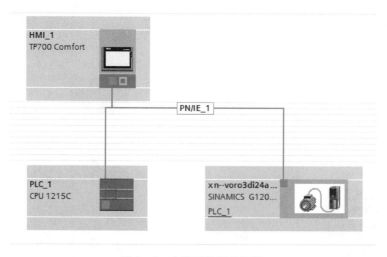

图 9-5 主控系统设备网络

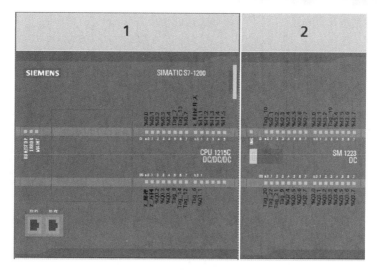

图 9 - 6　主控 PLC 设备组态

主控制系统通过 TCP/IP 协议控制托盘流水线、装配流水线、视觉系统和工业机器人等模块,并与各个模块之间进行数据交换。

主控 PLC 的 I/O 分配如表 9 - 2 所示。

表 9 - 2　主控 PLC I/O 分配表

变量名称	变量类型	变量 I/O	变量名称	变量类型	变量 I/O
总控机柜前面板急停按钮	Bool	I0.0	相机拍照气缸	Bool	Q0.5
拍照传感器	Bool	I0.5	抓取气缸	Bool	Q0.6
抓取传感器	Bool	I0.6	主控变频器使能	Bool	Q1.0
轴_归位开关	Bool	I1.0	机器人启动	Bool	Q2.0
相机拍照完成	Bool	I2.0	机器人暂停	Bool	Q2.1
AGV 到达传送带信号	Bool	I2.4	机器人复位	Bool	Q2.2
轴_脉冲	Bool	Q0.0	相机拍照	Bool	Q2.3
轴_方向	Bool	Q0.1	AGV 离开传送带输出信号	Bool	Q2.4

1) 托盘流水线

托盘流水线距地面的尺寸为 800 mm,并可进行微调。输送速度最大 55 mm/s,托盘输送线采用倍速链结构,侧面流利条导向,喇叭口流利条导向,具有 6 个工位,G2、G4 工位有阻挡气缸,型材槽(内槽)分别在 G2、G4、G6 工位安装光电传感器,输送线由西门子 G120 变频器控制,托盘流水线各传感器和气缸作用如表 9 - 3 所示。

托盘流水线工位分布如图 9 - 7 所示,其主要功能是输送工件托盘,

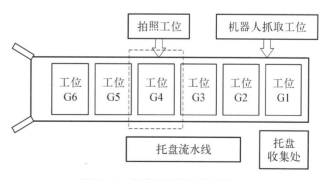

图 9 - 7　托盘流水线工位分布

将 AGV 机器人运送来的托盘从工位 G6 输送到拍照工位 G4 进行拍照,再将托盘输送到机器人抓取工位 G1 供机器人进行抓取。托盘流水线工位检测如图 9-8 所示,主要元器件及功能如表 9-3 所示。

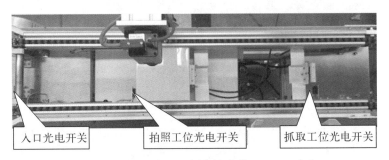

入口光电开关　　　拍照工位光电开关　　　抓取工位光电开关

图 9-8　托盘流水线

表 9-3　托盘流水线主要元器件

元器件名称	元器件作用描述	元器件安装工位
入口光电传感器	检测托盘进入托盘流水线	G6
拍照光电传感器	开始拍照信号	G4
抓取光电传感器	抓取气缸抬起信号	G1
拍照位气缸	挡住托盘移动供相机拍照	G4
抓取位气缸	保证 G2 工位只有一个托盘,防止干扰机器人抓取托盘	G2

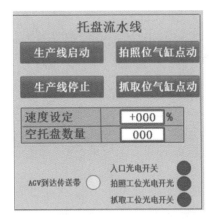

图 9-9　托盘流水线触摸屏调试界面

主控 PLC 可以控制托盘流水线实现如下功能:手动控制托盘流水线启动正向传输、停止、拍照位气缸点动、抓取位气缸点动、流水线速度设定等功能,托盘流水线触摸屏调试界面如图 9-9 所示。

2)装配流水线

装配流水线高度为 774 mm,可微调。输送速度最大 550 mm/s,工件盒输送线采用板链结构,流水线由步进电机控制。

装配流水线如图 9-10 所示。由成品库 G7、装配工位 G8 和备件库工位 G9 三个部分组成。定义成品库 G7 工位的工作位置为装配流水线回原点后往中间运动 200 mm 的位置;装配工位 G8 的工作位置在装配流水线中间位置;备件库 G9 工位的工作位置为装配流水线回原点后往中间运动 200 mm 的位置。

装配工位配置有四个定位工作位,按图 9-10 规定为 1 号位、2 号位、3 号位和 4 号位。每个定位工作位安装了伸缩气缸用于工件二次定位,当机器人将工件送至装配工位后,先将其通过气缸进行二次定位,然后再进行装配,以提高机器人的抓取精度,保证顺利完成装配。

备品库用于存放 2、3 和 4 号工件,当托盘流水线送来多个同一类型的工件,而无法满足装配条件时,可将其暂时存放到备件库中。

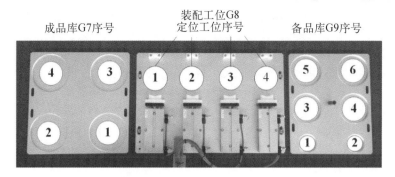

成品库G7序号　　装配工位G8定位工位序号　　备品库G9序号

图 9-10　装配流水线

成品库用于存放已装配完成的工件,当装配工位完成了一个完整的装配任务后,机器人将成品抓取并放入成品库。同时成品库也可用于:当出现多个 1 号工件时,可将其暂时存放于成品库中。

主控 PLC 可以控制装配流水线实现如下功能:手动控制装配流水线正向点动运动,反向点动运动,回原点运动,可以手动选择 3 个工位(G7、G8、G9)的任意一个使其位于装配作业流水线工作位置,可以设置装配流水线的速度,可以实时显示流水线位置等,装配流水线触摸屏调试界面如图 9-11 所示。

装配流水线步进电机控制工艺对象设置如下,其中基本参数设置如图 9-12 所示。

图 9-11　装配流水线触摸屏调试界面

动态常规设置和主动回原点设置如图 9-13 和图 9-14 所示。

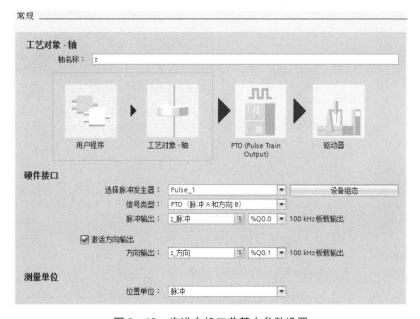

图 9-12　步进电机工艺基本参数设置

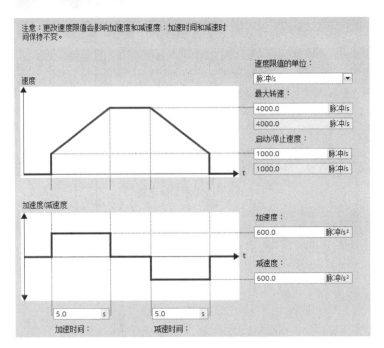

图 9 - 13　动态回原点设置

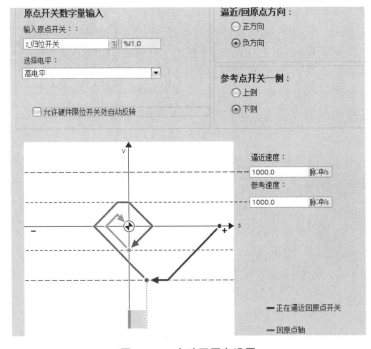

图 9 - 14　主动回原点设置

3）视觉系统

视觉系统的相机采用无锡信捷公司的 X - SIGHT，型号为 sv4 - 30 ml，工业相机分辨率（像素）为 640×480 约 30 万像素；镜头采用 Computer 工业镜头，型号为 H0514 - MP2，1/2 英寸靶面，C 接口，焦距 $f = 5$ mm 手动光圈。

　　视觉系统的主要功能是对托盘进行拍照，并获取工件的类型和位置（X 和 Y 坐标）、角度偏差等信息，PLC 通过 TCP/IP 读取相机获取的数据后进行处理，处理后发送给机器人，机器人对工件进行抓取和码放。

　　通过 X-SIGHT STUDIO 视觉软件来设置视觉控制器触发方式、modbus 参数，设置视觉控制器与主控 PLC 的通信并实现工件学习以及脚本程序编写等功能。规定每个工件占用三组地址空间，每组地址空间的第 1 个信息为工件位置 X 坐标，第 2 个信息为工件位置 Y 坐标，第 3 个信息为角度偏差。各类工件的信息及对应地址如表 9-4 所示。

表 9-4　智能相机工件信息及对应通信地址

工件号	工　件	modbus 通信地址		
1		1：1000：X 坐标 1002：Y 坐标 1004：角度	2：1006：X 坐标 1008：Y 坐标 1010：角度	3：1012：X 坐标 1014：Y 坐标 1016：角度
2		1：1018：X 坐标 1020：Y 坐标 1022：角度	2：1024：X 坐标 1026：Y 坐标 1028：角度	3：1030：X 坐标 1032：Y 坐标 1034：角度
3		1：1036：X 坐标 1038：Y 坐标 1040：角度	2：1042：X 坐标 1044：Y 坐标 1046：角度	3：1048：X 坐标 1050：Y 坐标 1052：角度
4		1：1054：X 坐标 1056：Y 坐标 1058：角度	2：1060：X 坐标 1062：Y 坐标 1064：角度	3：1066：X 坐标 1068：Y 坐标 1070：角度

　　相机使用过程如下：

　　在 X-SIGHT STUDIO 软件中，选择"定位工具"→"图案定位"，然后框住工件图像并对图案定位工具参数配置，完成每个工件的学习。图 9-15 是学习界面，图 9-16 为参数配置。

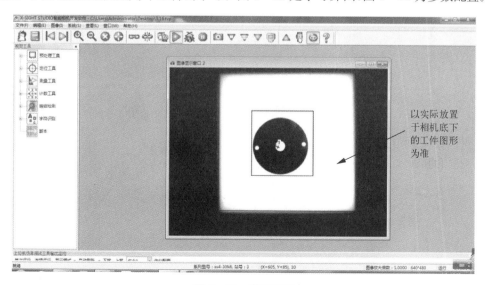

图 9-15　学习界面

学习完成后,选择"软件"菜单→"窗口"→"modbus 配置",对 modbus 进行配置,图 9 - 17 为 modbus 配置窗口。

最后,进行脚本程序编写,在图 9 - 18 中写入 4 种工件的脚本程序。

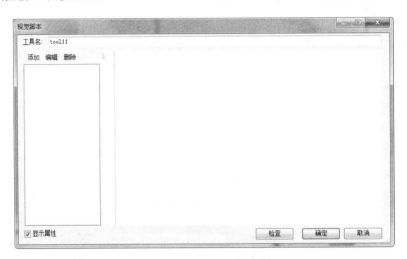

图 9 - 16　图案定位工具参数配置　　　　　　　　　图 9 - 17　对 modbus 进行配置

图 9 - 18　脚本程序编辑界面

4 种工件的脚本程序如下:

1 号工件脚本

```
{
tool7.val1x=0;
tool7.val1y=0;
tool7.val1a=0;
}
for(int i=0; i<tool1.Out.objectNum;i++)
```

```
{
tool7.val1x=tool1.Out.centroidPoint[i].x;
tool7.val1y=tool1.Out.centroidPoint[i].y;
tool7.val1a=tool1.Out.centroidPoint[i].angle;
}
```

2号工件脚本

```
{
tool7.val2x=0;
tool7.val2y=0;
tool7.val2a=0;
}
for(int i=0; i<tool2.Out.objectNum;i++)
{
tool7.val2x=tool2.Out.centroidPoint[i].x;
tool7.val2y=tool2.Out.centroidPoint[i].y;
tool7.val2a=tool2.Out.centroidPoint[i].angle;
}
```

3号工件脚本

```
{
tool7.val3x=0;
tool7.val3y=0;
tool7.val3a=0;
}
for(int i=0; i<tool3.Out.objectNum;i++)
{
tool7.val3x=tool3.Out.centroidPoint[i].x;
tool7.val3y=tool3.Out.centroidPoint[i].y;
tool7.val3a=tool3.Out.centroidPoint[i].angle;
}
```

4号工件脚本

```
{
tool7.val4x=0;
tool7.val4y=0;
tool7.val4a=0;
}
for(int i=0; i<tool4.Out.objectNum;i++)
{
tool7.val4x=tool4.Out.centroidPoint[i].x;
```

tool7.val4y＝tool4.Out.centroidPoint[i].y;

tool7.val4a＝tool4.Out.centroidPoint[i].angle;

}

主控 PLC 可以在人机界面启动相机拍照,视觉系统把托盘中识别的工件信息传送到 PLC,并在人机界面上显示,显示信息包括位置、角度和工件编号,视觉系统调试界面如图 9－19 所示。

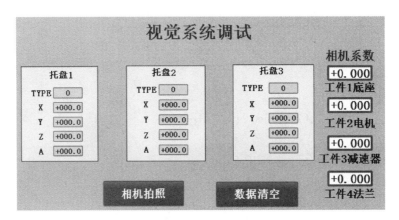

图 9－19　视觉系统调试界面

4) 机器人模块

本设备的工业机器人采用 6 自由度机器人,型号 HR20－1700－C10 工业级,机器人技术参数要求如下:

① 运动自由度:6 自由度;

② 驱动方式:AC 全伺服电机驱动;

③ 负载能力:20 kg;

④ 重复定位精度:±0.08 mm;

⑤ 最大展开半径:1 722 mm;

⑥ 通信方式:modbus TCP/以太网;

⑦ 操作方式:示教再现/编程;

⑧ 供电电源:三相/380 V/50 Hz;

⑨ 控制系统和示教盒:1 套;工业级嵌入式控制,独立控制柜;高性能运动控制器,人机界面圆形双把柄示教盒编程控制操作。具有机械保护、电气停止保护、电气减速运行保护、人工紧急停止等保护功能;以保证实验实训安全。

每轴的运动范围和速度如表 9－5 所示。

表 9－5　轴的运动范围和速度

关节号	范围/(°)	速度/((°)/s)
关节 1	±180	170
关节 2	＋65/－145	165

（续表）

关节号	范围/(°)	速度/((°)/s)
关节 3	+175/−65	170
关节 4	±180	360
关节 5	±135	360
关节 6	±360	600

机器人末端执行器由一个三抓卡盘和一个双吸盘组成，且末端执行器上安装一个红外激光笔，供示教定位用，如图 9-20 所示。

在本平台中，机器人主要功能是首先将工件抓取到装配流水线的装配区相应位置或者备用区，并把空托盘从托盘流水线抓起放置到托盘收集处，并在装配区把四个工件装配成一个成品工件，最后把成品工件放置到成品工位。机器人与 PLC 变量交互如表 9-6 所示。

图 9-20 机器人末端执行器

表 9-6 机器人与 PLC 变量交互

机器人内部地址	变量类型	PLC 读/写	功　能	功能定义	参数设定
0	Int	写	启动控制	102：从备件库抓取启动 103：从托盘抓取启动 104：为回初始位置 105：放工件 203：为故障排除，继续执行	IoIIn[0]
1	Int	写	工件类型	1 号工件：关节底座 2 号工件：电机 3 号工件：减速器 4 号工件：输出法兰 5 号部件：装配完成	IoIIn[1]
2	Int	写	抓取 X 轴坐标偏移量	定点一位小数	IoIIn[2]
3	Int	写	抓取 Y 轴坐标偏移量	定点一位小数	IoIIn[3]
4	Int	写	抓取 Z 轴坐标偏移量	定点一位小数	IoIIn[4]
5	Int	写	抓取 Z 轴角度	定点一位小数	IoIIn[5]
6	Int	写	放置 X 轴坐标偏移量	定点一位小数	IoIIn[6]
7	Int	写	放置 Y 轴坐标偏移量	定点一位小数	IoIIn[7]
8	Int	写	放置 Z 轴坐标偏移量	定点一位小数	IoIIn[8]
9	Int	写	放置 Z 轴角度	定点一位小数	IoIIn[9]

（续表）

机器人内部地址	变量类型	PLC读/写	功　能	功能定义	参数设定
10	Int	写	工具切换	0 为双吸盘吸工件 1 为三爪卡盘 2 为双吸盘吸空托盘	IoIIn[10]
0	Real	读	状态	100：待机 101：运行完成,运行结束 200：运行中 300：有故障 400：物体丢失	IoIOut[0]
1	Real	读	装配完成	1	IoIOut[1]
24	Bool	写	三抓卡盘	0：三抓卡盘收缩 1：三抓卡盘释放	IoDOut[24]
25	Bool	写	双吸盘	0：双吸盘没气 1：双吸盘吸气	IoDOut[25]
16	Bool	写	定位气缸 1	0：气缸缩回 1：气缸伸出	IoDOut[16]
17	Bool	写	定位气缸 2	0：气缸缩回 1：气缸伸出	IoDOut[17]
18	Bool	写	定位气缸 3	0：气缸缩回 1：气缸伸出	IoDOut[18]
19	Bool	写	定位气缸 4	0：气缸缩回 1：气缸伸出	IoDOut[19]

　　主控 PLC 可以控制机器人实现如下功能：实现相机坐标系到机器人坐标系的转换,人机界面上显示机器人坐标系中的抓取点(X,Y,Z,A)相对坐标值、放置点(X,Y,Z,A)相对坐标值、机器人启动、机器人停止、机器人暂停、机器人归位以及打开关闭激光笔功能。

　　在工业机器人运行过程中,若安全护栏操作门打开,工业机器人暂停运行的功能。机器人任务状态待机、运行、抓取错误等传输到主控 PLC,并在人机界面显示。可以实现机器人抓取点坐标(X,Y)补偿、相机原点坐标(X,Y)调整等功能。机器人调试界面如图 9-21 所示。

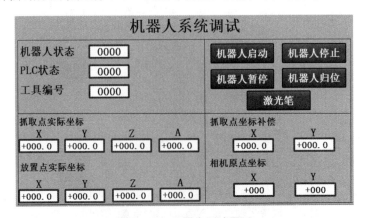

图 9-21　机器人调试界面

2．认识码垛机控制系统

码垛机控制系统由立体仓库和码垛机器人组成。立体仓库与码垛机模块主要实现了工件的存储以及工件的自动抓取输送，如图9－22所示：

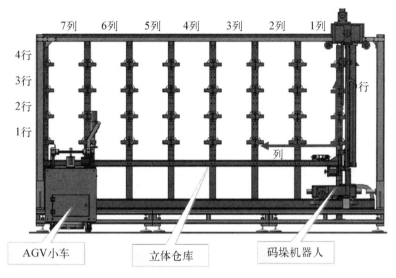

图9－22 码垛机控制系统

立体仓库总高约1 900 mm，宽度约2 800 mm，有28个存储工位来存储工件。立体仓库已事先定义好了仓位信息，从下至上分别为1～4行，从右至左分别为1～7列，每个仓位中都有一个传感器来检测该仓位是否有托盘工件，当仓位中的传感器被按压下时则表示该仓位有托盘工件，码垛机PLC通过检测这些传感器的信号有无来判断哪个仓位中有托盘工件，仓位传感器具体位置信息如图9－23所示。立体仓库I/O变量表如表9－7所示。

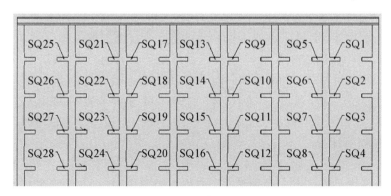

图9－23 仓库传感器位置图

码垛机器人有X、Y和Z轴3个轴组成，X轴方向的运动采用蜗轮减速装置，具有一定的自锁性，X、Z轴方向留有工业级定位系统接口，X轴、Z轴的驱动电机还带有刹车装置，保证机器断电后立即停车。X轴和Y轴运动都带有防撞装置，每个轴都连接一台三相电机，分

表 9‒7 立体仓库 I/O 变量表

变 量 名 称	变量类型	变量 I/O	变 量 名 称	变量类型	变量 I/O
码垛机货架传感器(7,4)	Bool	I3.0	码垛机货架传感器(4,2)	Bool	I4.6
码垛机货架传感器(7,3)	Bool	I3.1	码垛机货架传感器(4,1)	Bool	I4.7
码垛机货架传感器(7,2)	Bool	I3.2	码垛机货架传感器(3,4)	Bool	I5.0
码垛机货架传感器(7,1)	Bool	I3.3	码垛机货架传感器(3,3)	Bool	I5.1
码垛机货架传感器(6,4)	Bool	I3.4	码垛机货架传感器(3,2)	Bool	I5.2
码垛机货架传感器(6,3)	Bool	I3.5	码垛机货架传感器(3,1)	Bool	I5.3
码垛机货架传感器(6,2)	Bool	I3.6	码垛机货架传感器(2,4)	Bool	I5.4
码垛机货架传感器(6,1)	Bool	I3.7	码垛机货架传感器(2,3)	Bool	I5.5
码垛机货架传感器(5,4)	Bool	I4.0	码垛机货架传感器(2,2)	Bool	I5.6
码垛机货架传感器(5,3)	Bool	I4.1	码垛机货架传感器(2,1)	Bool	I5.7
码垛机货架传感器(5,2)	Bool	I4.2	码垛机货架传感器(1,4)	Bool	I6.0
码垛机货架传感器(5,1)	Bool	I4.3	码垛机货架传感器(1,3)	Bool	I6.1
码垛机货架传感器(4,4)	Bool	I4.4	码垛机货架传感器(1,2)	Bool	I6.2
码垛机货架传感器(4,3)	Bool	I4.5	码垛机货架传感器(1,1)	Bool	I6.3

别由三台西门子 G120 变频器控制,通过变频器的控制可以实现每个电机的正反转运行,从而让码垛机器人自如运行到立体仓库的每个仓位,实现托盘工件的抓取。

码垛机具体的工作过程如下:首先手动输入目标物在立体仓库中位置,或者是通过立体仓库上传感器判断目标位置,然后码垛机确定当前其所在的位置,X 轴和 Z 轴同时动作,同时通过 X 轴和 Z 轴上的电感传感器实时判断码垛机所处的位置,当 X 轴和 Z 轴到达指定位置后,Y 轴往立体仓库中伸出。当 Y 轴伸到位,Z 轴再上抬,确保码垛机把盘子提起,然后再 Y 轴回到原点,这样既完成了一个托盘工件的抓取,又使 X 轴向前动,去往 AGV 小车位置。

X 轴和 Z 轴上分别装有 3 个电感传感器,且码垛机的 X 轴和 Z 轴方向上分别装有 7 个和 4 个金属块(金属块分别对应 7 列 4 行),通过这 3 个传感器的信号组合即可判断该轴移动的方向和位置,具体策略为:X 轴,3 个传感器从左至右分别为 I2.0、I2.1、I2.2,当 I2.1 有信号时,I2.2 再有信号说明码垛机 X 轴向前运行,列加 1。当 I2.1 有信号时,I2.0 再有信号说明码垛机 X 轴向后运行,列减 1;Z 轴,3 个传感器从上至下分别为 I1.1、I1.2、I1.3,当 I1.2 有信号时,I1.3 再有信号说明码垛机 Z 轴向上运行,行加 1。当 I1.2 有信号时,I1.1 再有信号说明码垛机 Z 轴向下运行,行减 1。

码垛机的运行控制主要由西门子 s1200PLC 控制,控制柜尺寸约(长×宽×高)805 mm×555 mm×1 200 mm。供电要求:三相/380 V/50 Hz,PLC 除了基本模块后,PLC 还扩展了 3 个 I/O 模块,码垛机人机界面 MHI 采用西门子 TP700 精致面板,码垛机控制系统设备网络和主控 PLC 设备组态如图 9‒24 和图 9‒25 所示。

码垛机 PLC 原理图及扩展模块原理图如图 9‒26 和图 9‒27 所示。

码垛机 PLC I/O 变量如表 9‒8 所示。

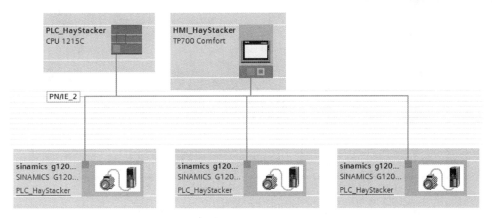

图 9‑24　码垛机控制系统设备网络

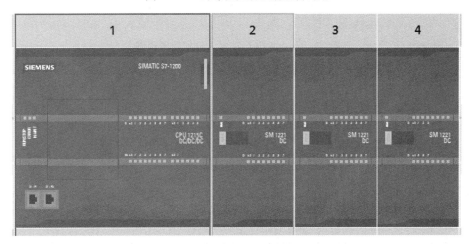

图 9‑25　码垛机 PLC 设备组态

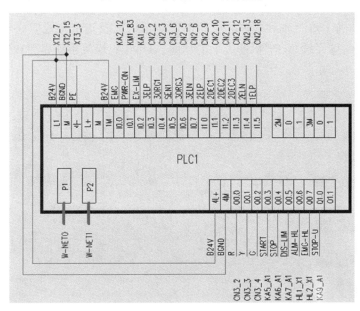

图 9‑26　码垛机 PLC 原理图

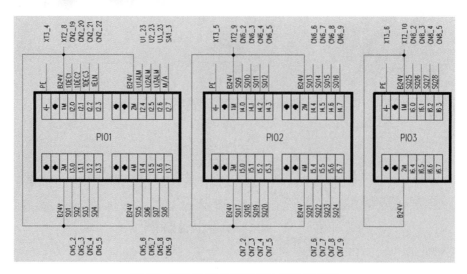

图 27　码垛机 PLC 扩展 I/O 模块原理图

表 9‑8　码垛机 PLC I/O 变量表

变 量 名 称	变量类型	变量 I/O	变 量 名 称	变量类型	变量 I/O
码垛机 3 轴回限位	Bool	I0.3	码垛机 1 轴限位	Bool	I1.4
码垛机 3 轴回侧原点限位	Bool	I0.4	码垛机 2 轴计数传感应器	Bool	I2.1
码垛机 3 轴伸原点限位	Bool	I0.6	码垛机 2 轴计数传感应器	Bool	I2.2
码垛机 3 轴伸限位	Bool	I0.7	码垛机 2 轴限位	Bool	I2.3
码垛机 1 轴计数传感应器	Bool	I1.1	码垛机 PLC 使能	Bool	Q1.0
码垛机 1 轴计数传感应器	Bool	I1.2	码垛机限位解除	Bool	Q0.5
码垛机 1 轴计数传感应器	Bool	I1.3			

通过操作西门子 HMI 来实现对码垛机的复位、启动、停止、暂停等功能，还可以通过 HMI 来实现码垛机 1 轴、2 轴和 3 轴的点动正反转运行以及指定位置抓取和自动扫描抓取并且放置于位于立体库端 AGV 机器人上的功能。HMI 码垛机手动界面和码垛机自动界面如图 9‑28 和图 9‑29 所示。

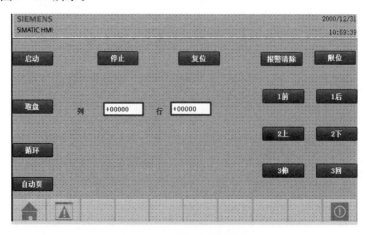

图 9‑28　码垛机手动界面

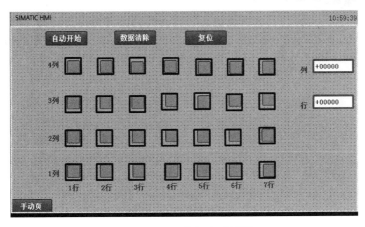

图 9‑29　码垛机自动界面

3. 认识 AGV 控制系统

AGV 控制系统主要由 AGV 机器人组成,连接码垛机控制系统和主控制系统,其具体参数为:

① 直线运行速度:18 m/min;

② 弯道运行速度:10~15 m/min;

③ 纵向地标定位精度:±3 mm;

④ 横向地标定位精度:±3 mm;

⑤ 最小转弯半径:650 mm;

⑥ 额定载重:30 kg;

⑦ 最大载重:50 kg;

⑧ 自动导引传感器:专用磁导循迹传感器;

⑨ 电源:电池组 DC12V 36Ah 两组;

⑩ 充电方式:外置充电器;

⑪ 最大噪音:≤70 dB。

AGV 机器人实物以及上部传送带如图 9‑30 所示。

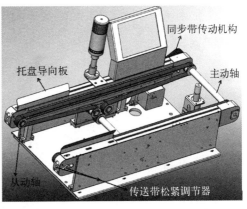

图 9‑30　AGV 机器人

AGV 机器人控制核心采用一台西门子 S7-1200 组成,与主控系统一样,其 CPU 也为 1215C DC/DC/DC,并扩展了一个 DI/DO 模块(DI 16×24VDC/16×Relay),AGV 机器人系统设备网络、AGV 机器人 PLC 设备组态如图 9-31 和图 9-32 所示。

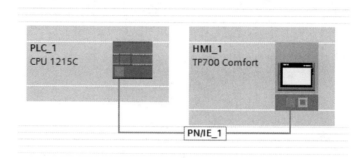

图 9-31　AGV 机器人系统设备网络

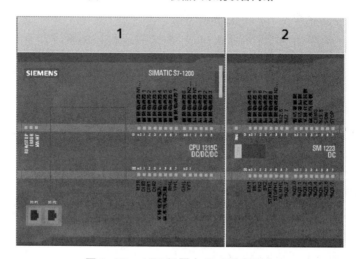

图 9-32　AGV 机器人 PLC 设备组态

码垛机 PLC 主要 I/O 变量如表 9-9 所示。

表 9-9　码垛机 PLC I/O 变量表

变 量 名 称	变量类型	变量 I/O	变 量 名 称	变量类型	变量 I/O
前限循迹器 N1 极	Bool	I0.0	后限循迹器 1	Bool	I1.3
前限循迹器 1	Bool	I0.1	后限循迹器 2	Bool	I1.4
前限循迹器 2	Bool	I0.2	后限循迹器 3	Bool	I1.5
前限循迹器 3	Bool	I0.3	后限循迹器 4	Bool	I2.0
前限循迹器 4	Bool	I0.4	后限循迹器 5	Bool	I2.1
前限循迹器 5	Bool	I0.5	后限循迹器 6	Bool	I2.2
前限循迹器 6	Bool	I0.6	后限循迹器 7	Bool	I2.3
前限循迹器 7	Bool	I0.7	后限循迹器 8	Bool	I2.4
前限循迹器 8	Bool	I1.0	后限循迹器 N2 极	Bool	I2.5
前限循迹器 N2 极	Bool	I1.1	传送带前限	Bool	I3.0
后限循迹器 N1 极	Bool	I1.2	传送带后限	Bool	I3.1

（续表）

变 量 名 称	变量类型	变量 I/O	变 量 名 称	变量类型	变量 I/O
立体仓库接收	Bool	I3.2	前限发射器	Bool	Q1.2
流水线接受	Bool	I3.3	后限发射器	Bool	Q1.3
立体仓库端发射器	Bool	Q0.4	启动器 1 反向端口	Bool	Q1.6
流水线端发射器	Bool	Q0.5	驱动器 1 使能	Bool	Q1.7

　　AGV 人机界面 MHI 采用西门子 TP700 人机界面，其可以往返于立体仓库和托盘流水线之间，码垛机将托盘放置在 AGV 机器人上部传输线，AGV 将托盘输送到托盘流水线，一次性最多可以输送 3 个托盘，AGV 可以通过盘子数自动往返运行，也可以通过人机界面选择运行的方向，人机界面如图 9 - 33 所示。

图 9 - 33　AGV 机器人输送界面

项目小结

　　通过工业机器人技术应用实训平台的学习，了解了工业机器人技术应用实训平台的组成、通信方式、以及其主控制系统、码垛机控制系统和 AGV 控制系统的特点，熟悉了整个系统的工作过程。

参 考 文 献

［1］ 蒋正炎,郑秀丽.工业机器人工作站安装与调试（ABB）［M］.北京：机械工业出版社,2017.

［2］ 汤晓华,蒋正炎,陈永平.工业机器人应用技术［M］.北京：高等教育出版社,2015.

［3］ 叶晖等.工业机器人实操与应用技巧［M］.2 版.北京：机械工业出版社,2017.

［4］ 叶晖.工业机器人典型应用案例精析［M］.北京：机械工业出版社,2013.

［5］ 兰虎.工业机器人技术及应用［M］.北京：机械工业出版社,2015.

［6］ 吕景全,汤晓华.工业机械手与智能视觉系统［M］.北京：中国铁道出版社,2014.

［7］ 胡伟,等.工业机器人行业应用实训教程［M］.北京：机械工业出版社,2015.

后　　记

　　"加快推动新一代信息技术与制造技术融合发展,把智能制造作为两化深度融合的主攻方向;着力发展智能装备和智能产品,推进生产过程智能化;培育新型生产方式,全面提升企业研发、生产、管理和服务的智能化水平。"智能制造日益成为未来制造业发展的重大趋势和核心内容,是加快我国经济发展方式转变,促进工业向中高端迈进、建设制造强国的重要举措,也是新常态下打造新的国际竞争优势的必然选择。

　　智能制造的发展将实现生产流程的纵向集成化,上中下游之间的界限会更加模糊,生产过程会充分利用端到端的数字化集成,人将不仅是技术与产品之间的中介,更多地成为价值网络的节点,成为生产过程的中心。在未来的智能工厂中,标准化、重复工作的单一技能工种势必会被逐渐取代,而智能设备和智能制造系统的维护维修、以及相关的研发工种则有了更高需求。也就是说,我们的智能制造职业教育所要培养的不是生产线的"螺丝钉",而是跨学科、跨专业的高端复合型技能人才和高端复合型管理技能人才!智能制造时代下的职业教育发展面临大量机遇与挑战。

　　秉承以上理念,作为上海交通大学旗下的上市公司——上海新南洋股份有限公司联合上海交通大学出版社,充分利用上海交通大学资源,与国内高职示范院校的优秀老师共同编写"智能制造"系列丛书。诚然,智能制造的相关技术不可能通过编写几本"智能制造"教材来完全体现,经过我们编委组的讨论,优先推出这几本,未来几年,我们将陆续推出更多的相关书籍。因为在本书中尝试一些跨学科内容的整合,不完善难免,如果这些丛书的出版,能够为高等职业技术院校提供参考价值,我们就心满意足。

　　路漫漫其修远兮。中国的智能制造尽管处在迅速发展之中,但要实现"中国制造2025"的伟大目标,势必还需要我们进一步上下求索。抛砖可以引玉,我们希望本丛书的出版能够给我国智能制造职业教育的发展提供些许参考,也希望更多的同行能够投身于此,为我国智能制造的发展添砖加瓦!